감성지수를 높이는 1000가지 상상의 세계

태교 천일동화

글 문희원 | 그림 김영희

인디북

이 세상에 원하는 소원이라면 뭐든지 들어주는 램프의 요정, 가고 싶은 곳이라면 어디든지 갈 수 있는 하늘을 나는 양탄자가 있다면 얼마나 좋을까요? 상상만 해도 즐겁고 신나는 일입니다. 비록 현실에서는 일어날 수 없는 일이지만 무궁무진한 동화 속 상상의 세계를 소중한 내 아이에게 꿈꾸게 해 주고 싶지 않으세요?

수천 년 동안 우리에게 전해져 온 아라비안나이트 동화 속에는 신나고 기발한 갖가지 사건들과 각양각색의 수많은 등장인물들이 있습니다. 세상 어느 곳에도 없는 미지의 세계를 엄마 아빠의 따뜻한 목소리를 통해 사랑하는 아이가 마음껏 여행할 수 있도록 해 주세요.

아라비안나이트는 지혜로운 이야기꾼이었던 세헤라자데가 샤프리 야르 왕에게 천 하루 동안 하루에 한 가지씩 들려준 이야기를 엮은 책으로 매우 방대한 양을 자랑합니다. 한 여인의 구전으로 시작된 아라비안나이트는 인도에서 페르시아, 아라비아를 거쳐 긴 시간 동안 전해져 왔습니다. 오랜 시간 많은 나라를 거치면서 이야기는 더욱 신비롭고 흥미로워졌습니다. 그 속에는 마법, 모험, 사랑, 우정 등 다양한 주제가 녹아들어 있습니다. 또한 여러 나라 사람들의 생활모습이나

지혜, 마음가짐도 살펴볼 수 있는 귀중한 자료이기도 합니다.

『태교 천일동화』는 아라비안나이트 중에서도 특히 아이가 좋아할 만한 재미있는 이야기들만 골라 묶었답니다. 조그마한 램프에서 커다란 요정이 나오는 신기한 이야기에서부터 하늘을 나는 목마 이야기, 지혜를 발휘하여 못된 괴물을 혼내 주는 이야기까지 용감하고 꿈 많은 아이로 길러 줄 엄선된 스무 편의 동화로 이루어져 있습니다. 그리고 아라비아 지역의 특성과 색채를 알 수 있는 독특하고 정성스런 그림이 재미와 감동을 살려 줍니다.

따뜻한 엄마의 뱃속에서 아라비안나이트의 세계를 경험한 아기는 태어난 후에도 그 아름답고 독특한 꿈의 세계를 기억합니다. 그 기억은 아이가 자라는 동안 상상력과 창의력 발달에 도움을 주고, 용기와 지혜가 가득한 사람이 되도록 이끌어 줄 것입니다.

자, 이제 천일동화의 1000가지 상상의 세계로 떠나 볼까요?

이 책의 활용법

이 책은 임신기간 동안 아기에게 들려줄 수 있는 태교 이야기를 총 10장으로 구성하였습니다. 각 장은 1개월에서 10개월까지 임신 개월 수에 맞추어 쓰였습니다.

각 장의 서두에는 임신 개월 수에 따른 임신부와 태아의 변화에 대한 상세한 정보가 담겨 있습니다. 천일동화와 함께 하면 좋은 태교법 코너에서는 음악태교, 미술태교, 음식태교 등 엄마와 태아의 정서적인 안정과 건강을 도와줄 다양한 태교법을 실천법과 함께 소개하였습니다.

각 장에 들어 있는 두 편의 동화는 그 시기 태아의 발달 정도에 맞춘 내용입니다. 이를테면, 두뇌가 급속도로 발달하기 시작하는 2개월에는 〈나쁜 괴물을 물리친 지혜로운 어부〉 이야기를, 소리를 듣기 시작하는 5개월에는 의성어와 의태어를 한껏 살려 언어 능력을 길러 주는 〈과자가게 주인과 앵무새〉 이야기를 들려줍니다. 각각의 동화가 끝날 때마다 아기의 상상력 계발을 도와주는 짧은 메시지를 덧붙였습니다. 엄마 아빠의 상상력을 최대한 확장시킴으로써 아기의 상상력 훈련이 가능해지는 것입니다.

엄마 아빠가 직접 들려주는 이야기만큼 좋은 태교는 없다는 것을 명심하세요. 그리고 아기에게 자꾸자꾸 말을 걸어 주세요. 이야기가 가진 힘은 참으로 크답니다. 세상에 나오기 전부터 흥미진진한 이야기를 듣고 자란 소중한 내 아기는 많은 느낌과 생각을 경험함으로써 똑똑하고 지혜로우며 창의적인 가능성을 가지고 태어날 것입니다.

차례

제1장 착하고 고운 마음을 길러 주는 이야기
1개월 : 기초 형성기

제2장 현명하고 지혜로운 아이를 만드는 이야기
2개월 : 두뇌가 발달하는 시기

제3장 마음으로 나누는 사랑을 가르치는 이야기
3개월 : 심장이 발달하는 시기

제1장

착하고 고운 마음을 길러 주는 이야기

1개월 기초 형성기

임신 1개월경은 태아의 뇌와 척수를 이루는 신경관, 혈관계와 순환기 계통 등이 형성되는 중요한 시기입니다. 이 시기의 태아는 아직 온전한 사람의 모습을 갖추지는 못했지만 성별이나 머리카락, 머리색 등 유전형질이 이미 결정되어 있습니다.

그뿐만이 아닙니다. 태아는 엄마의 노랫소리, 아빠의 따뜻한 한마디, 배를 쓰다듬는 부드러운 감촉 등을 느끼며 많은 부분을 형성해 나갑니다. 성격과 재능, 감성 등이 바로 그것입니다. 흔히 태아가 아무것도 모를 것이라고 생각하기 쉬운 임신 초기가 성격과 인성을 결정짓는 중요한 열쇠가 되는 것입니다.

이 시기에는 부모와의 애정 어린 소통이 매우 중요합니다. 엄마 아빠가 어떻게 하는가에 따라 태아는 '나는 소중한 사람이구나.' 하는 존중받는 감정을 배우게 되거나 혹은 배우지 못하게 됩니다. 엄마 아빠로부터 충분한 사랑과 존중을 받은 느낌은 아기가 태어난 후 그 애정을 고스란히 세상으로 돌릴 수 있게 해 줍니다. 타인을 사랑하고 남을 돕는 것에 대한 마음을 이 시기에 터득하는 것입니다.

따라서 이 시기에는 엄마가 식습관이나 행동에 있어서 여러 가지 수칙을 지키는 것은 물론, 태아에게 쏟는 애정 표현에 각별한 신경을 기울여야 합니다. 사랑이 담긴 말이나 스킨십을 반복하는 것은 미래의 아이가 세상 속에서 바르고 선하게 자랄 수 있는 밑거름이 될 것입니다.

태아의 후각을 자극하는 향기태교

향기태교란 생활에서 쉽게 실천할 수 있는 태교법으로 엄마가 맡은 좋은 향기를 뱃속의 아기에게 전해 주는 것입니다. 향기태교는 임신부의 기분전환뿐 아니라 태아의 뇌 발달에도 좋습니다.

■ 실천법
마음을 편안하게 하는 은은한 꽃향기

안정을 취하는 것이 중요한 임신 초기에 임신부는 자연히 집에 있는 시간이 많습니다. 쉽게 짜증이 나거나 초조해질 때 집안을 아름다운 분위기로 꾸며 보는 것도 좋습니다. 가까운 꽃집이나 화원에 가서 좋아하는 꽃을 사세요. 은은한 꽃향기가 마음을 편안하고 차분하게 만들어 줄 것입니다.

혹은 순수 자연성분을 이용한 아로마 오일을 이용해 보는 것도 좋습니다. 목욕할 때 욕조에 레몬밤, 라벤더 등의 다양한 오일을 한두 방울 떨어뜨리는 것만으로도 충분한 향기태교의 효과를 볼 수 있습니다.

집에서 가까운 식물원이나 삼림욕장을 찾아 자연의 향기를 느껴 보는 것도 좋습니다. 숲에서 느낄 수 있는 특유의 청량감은 피톤치드라는 물질 때문입니다. 이 피톤치드는 살균성이 있으며, 피톤치드의 주성분인 테르펜은 마음을 안정시키고 혈액순환을 돕는 작용을 합니다.

욕심쟁이 압달라 이야기

아주 먼 옛날 바바 압달라라는 게으른 남자가 살고 있었
어요.

"압달라야, 제발 일 좀 해라."
"싫어요! 나는 노는 게 좋아요. 잔소리 좀 하지 마세요."

압달라는 부모님 말을 안 듣고 매일매일 놀기만 했답니다. 결국 부
모님이 돌아가시고 압달라는 가진 돈도 거의 다 쓰고 말았어요. 겁이 난

압달라는 생각했어요.

'이러다간 굶어 죽을지도 몰라. 남은 돈을 가지고 장사라도 하자.'

압달라는 남은 돈으로 물건을 샀어요. 그리고 80마리의 낙타에 싣고 이웃 마을로 갔어요. 다행히 압달라는 상인을 만나서 물건을 모두 팔 수 있었어요.

"야호! 이제 얼마 동안은 또 실컷 놀 수 있겠다!"

그런데 집으로 향하던 압달라는 도중에 한 할아버지를 만나게 되었어요.

"안녕하세요, 할아버지. 어디 가는 길이세요?"
"나는 엄청난 보물을 찾으러 가고 있단다."
"네? 보물이요?"
"그래. 그런데 보물을 가져갈 낙타가 없다는 것이 문제야. 낙타를 빌려 준다면 보물을 나누어 주마."
"정말요? 좋아요. 같이 갈게요."

압달라는 보물 이야기에 기분이 들떴어요. 그래서 낙타를 끌고 노인과 함께 길을 떠났답니다. 한참을 가자 커다란 바위 사이로 동굴 입구가 나타났어요. 두 사람은 힘을 합쳐 돌을 밀어냈어요. 마침내 문이 열렸어요.

　　"우와! 할아버지! 보물이 엄청나게 많아요!"
　　"허허! 정말 그렇구나!"

　　두 사람은 보물을 80마리의 낙타에 나누어 실었어요. 그때 노인이 보물 옆에 있는 작은 상자를 얼른 주워서 주머니에 넣었어요.

　　"압달라야, 정말 고맙구나. 이제 보물을 실은 낙타를 40마리씩 나누어 갖기로 하자."
　　"40마리요? 우와, 난 이제 부자다!"

　　압달라는 너무 기뻤어요. 그런데 압달라는 갑자기 욕심이 났어요.

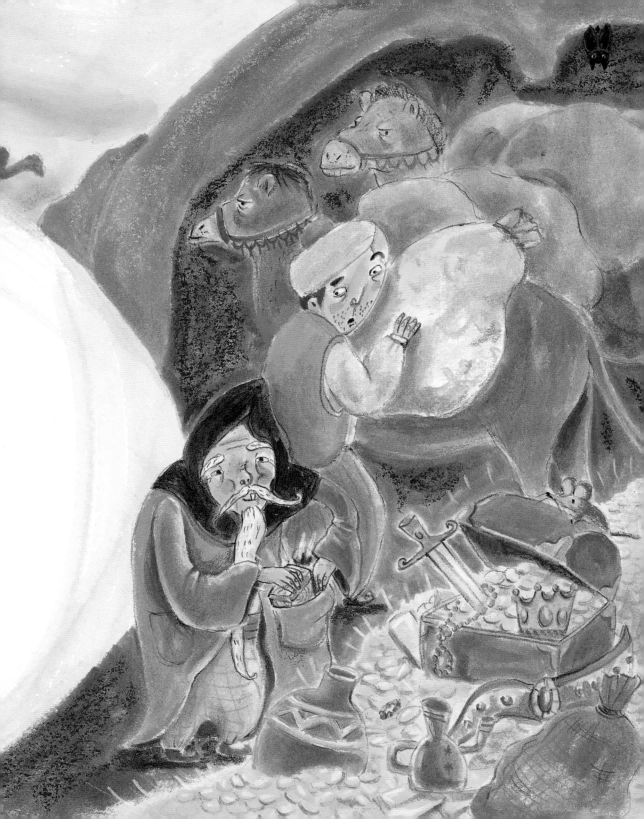

그래서 할아버지에게 물었어요.

"할아버지, 저에게 낙타 10마리만 더 주시면 안 될까요?"

"……그러렴. 가져가."

"우와, 정말요? 저…… 그럼 낙타 10마리만 더 주시면 안 될까요?"

"그래, 10마리 더 가져가려무나."

"저…… 할아버지는 낙타 다루는 게 힘드시니까 제가 전부 가지는 건
어떨까요?"

압달라의 말에 할아버지는 아무 말 없이 압달라를 바라보다가 낙타를
두고 걸어가기 시작했어요. 압달라는 할아버지가 자기에게 낙타를 모
두 줘 버리는 것이 이상했어요.

'왜 낙타를 나에게 다 주는 걸까? 혹시 더 큰 보물을 가지고 있는 건
아닐까? 그래! 아까 보물 옆에 있던 상자, 그 안에 엄청난 보물이 있을
거야!'

압달라는 마구 뛰어가서 노인을 불렀어요.

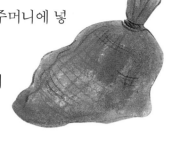

"할아버지, 아까 보물 옆에 있던 작은 상자를 주머니에 넣으셨죠? 그 안에 든 게 뭐예요?"

"신비한 약이란다. 왼쪽 눈에 바르면 세상의 모든 보물이 보이지. 하지만 오른쪽 눈에 바르면 아무것도 볼 수 없게 되는 무서운 약이야."

이 말을 들은 압달라는 또 욕심이 났어요.

"할아버지, 제 왼쪽 눈에 약을 좀 발라 주세요."

노인이 압달라의 왼쪽 눈에 약을 발라 주자 놀라운 일이 벌어졌어요. 정말 온 나라에 있는 보물들이 한눈에 보이는 것이었어요. 압달라는 또 말했어요.

"할아버지, 오른쪽 눈에도 약을 발라 주세요. 부탁이에요."

"안 돼. 큰일 나."

"할아버지, 제발요."

할아버지는 크게 한숨을 쉬고는 압달라의 오른쪽 눈에 약을 발라 주었어요. 그러자 압달라는 눈앞이 깜깜해졌어요. 압달라는 비명을 지르며 쓰러지고 말았어요. 할아버지가 혀를 차며 말했어요.

"내가 말했잖아. 너는 욕심이 너무 지나친 게 문제야. 하지만 이젠 어쩔 수 없지."

압달라를 뒤로하고 노인은 낙타 80마리를 이끌고 사막을 떠났답니다.

 아기를 위한 1000가지 느낌의 대화

아가야, 왼쪽 눈에 바르면 온 세상의 보물이 다 보이는 약이 있다니 정말 신기하지 않니? 우리 아가도 '그런 약이 있으면 얼마나 좋을까?' 하는 생각을 할 거야. 가만히 눈을 감고 상상해 보렴. 눈앞에 반짝반짝하는 보물과 금은보화가 가득한 모습을 말이야.
하지만 이것도 기억해야 한단다. 상상력이나 호기심은 좋은 것이지만 지나친 욕심은 나쁜 거야. 압달라처럼 벌을 받을 수도 있어. 엄마 아빠는 우리 아가가 꿈과 상상력은 풍부하지만 욕심 부리지 않는 아이로 자라나기를 바란단다.

왕이 된 남자와 그를 미워한 남자

아주 먼 옛날, 바바라와 바스라라는 남자들이 한집에서 살고 있었어요. 바바라는 매우 착했어요. 그리고 무슨 일이든 하기만 하면 잘되었답니다. 그런데 바스라는 그 반대였어요. 성격이 고약해서인지 무슨 일이든 잘 안 되었어요. 그래서 바스라는 바바라가 참 미웠어요.

어느 날 바바라는 바스라를 떠나 혼자 살아 보기로 마음먹었어요.

"바스라야, 그동안 고마웠어. 나는 이제 다른 마을로 떠나서 혼자 살아 보려고 해."

"그래? 뭐, 네가 좋을 대로 하렴."

"그래, 그렇지만 헤어지려니까 슬프다. 바스라야, 건강하게 잘 지내
야 해."

바스라와 헤어진 바바라는 다른 마을에 가서 작은 집을 짓고 살았어
요. 시간이 지나 똑똑하고 착한 바바라는 학자가 되었어요. 많은 사람들
이 바바라를 좋아했어요. 바바라에 대한 이야기는 곧 바스라의 귀에까
지 들어갔답니다. 하지만 바스라는 친구가 잘되는 것이 싫었어요. 질투
가 났어요.

'뭐? 그 녀석이 나보다 더 잘살고 있다고! 정말 얄미운 놈이로군! 세상
에서 제일 미운 바바라! 그놈을 골탕 먹여 줘야겠어.'

바스라는 바바라를 찾아갔어요. 마침 바바라는 많은 제자들을 가르치
고 있었어요. 바바라는 바스라를 반가이 맞이했어요.

"바스라야, 정말 오랜만이구나! 반가워."

"응, 할 말이 있는데 잠깐 우물가로 나올 수 있어?"

"우물가로? 그래, 나갈게."

바스라는 바바라를 우물가로 데려갔어요. 그러고는 이야기를 하는 척하다가 갑자기 바바라를 우물 안으로 밀어서 빠뜨렸어요.

"이제야 속이 좀 시원하군!"

그런데 우물에 빠진 바바라는 아무데도 다치지 않았어요. 바바라가 떨어진 우물은 마법사들의 마을로 통하는 입구였거든요. 한 마법사가 떨어지는 바바라를 손으로 받아 주었던 거예요. 마법사들이 어리둥절해 있는 바바라에게 이런 말을 해 주었어요.

"아마 내일 아침이면 머리가 이상해진 공주 때문에 왕이 당신을 찾아올 거야."
"아니라니까, 공주는 나쁜 귀신 때문에 그러는 거라고!"
"아, 그래그래 알았어. 아무튼 그 귀신을 공주에게서 쫓아내려면 한 가지 방법밖에 없어. 흰 털이 난 검정고양이를 찾아. 그러고는 흰 털 일곱 가닥을 태워서 공주가 그 냄새를 맡도록 하라구."
"그렇게만 하면 아무리 무서운 귀신이라도 금세 도망가 버리고 말걸!"

마법사들의 이야기를 모두 들은 바바라는 날이 밝자 우물 밖으로 올라왔어요. 그러자 정말로 왕이 신하와 어여쁜 공주를 데리고 바바라를 찾아왔어요.

"우리 예쁜 공주가 갑자기 머리가 이상해지고 말았다. 네가 똑똑하다고 소문이 났던데, 공주를 고칠 수 있겠느냐?"
"네, 저에게 맡겨 주십시오."

바바라는 마법사들이 말한 대로 고양이의 털을 태워 공주에게 그 냄새를 맡게 했어요. 그러자 귀신이 비명을 지르며 공주의 머릿속에서 빠져나갔어요.

"오, 공주의 병이 낫다니 정말 기쁘구나. 바바라야, 무슨 소원이든 들어줄 테니 말해 보거라."
"저는 공주님과 결혼하고 싶습니다."
"그래? 좋다! 공주의 목숨을 구해 주었으니 네 소원을 들어주마."

왕의 사위가 된 바바라는 왕을 도와 나라를 평화롭게 다스렸어요. 그리고 얼마 뒤 바바라가 왕이 되었어요. 나라는 더욱 평화로워졌어요.

어느 날 바바라가 백성들의
생활을 살피기 위해 왕궁
을 나섰어요. 그런데
우연히 바스라를
만나게 되었답니
다. 바스라는 얼굴이
새파랗게 질렸어요.

'아이고, 이제 나는 죽은
목숨이구나.'

하지만 바바라는 이미 바스라를 용서했어요. 오히려 바스라 덕분에 공주와 결혼한 거라고 생각했어요. 바바라는 바스라를 원망하지 않고 금은보화를 보내 주었어요. 바스라는 목숨을 살려 주고 보물까지 보내 준 바바라의 넓은 마음에 감동했어요.

'아, 내가 이렇게도 훌륭한 분을 해치려고 했구나……!'

바스라는 왕궁으로 찾아가 바바라에게 잘못을 빌고 용서를 구했어요. 그후로 바스라는 그 누구도 미워하지 않고 평생을 착하게 살았다고 해요.

 아기를 위한 1000가지 느낌의 대화

아가야, 바바라가 우물에 빠졌을 때 갑자기 마법사들이 나타나서 놀라지 않았니? 우물 속에 마법사들이 사는 마을이 있었나봐. 아니면 마법사들이 바바라가 착한 사람인 걸 알고 구해 주러 간 걸까?

바스라는 참 나쁜 사람이지? 친한 친구를 질투해서 우물에 빠뜨리다니 말이야. 하지만 바바라는 왕이 되었고 나쁜 친구를 용서했지. 바바라처럼 착한 마음을 가진 사람이 있기 때문에 세상이 아름다운 거란다. 바스라처럼 나쁜 사람도 마음을 바꾸게 해 주었잖니?

우리 아가도 마음껏 꿈꾸고 상상하며 착한 마음을 가진 사람으로 자라렴. 그러면 넓고 아름다운 세상이 네 앞에 펼쳐질 거란다.

제2장

현명하고 지혜로운 아이를 만드는 이야기

2개월 두뇌가 발달하는 시기

임신 2개월째가 되면 태아는 급격하게 성장합니다. 키와 몸무게가 자라남은 물론 두뇌를 비롯한 각종 기관들이 형성되고, 머리와 몸도 구분되기 시작합니다.

이 시기에는 특히 뇌세포의 발달이 두드러집니다. 일반적으로 사람은 160억 개 정도의 뇌세포를 가지고 있는데 그중에서 무려 80%, 즉 140억 개 정도의 뇌세포가 태아 때 형성됩니다. 그러므로 임신 초기의 영양소 결핍은 태아의 뇌 발육에 치명적일 수 있다는 점을 기억해야 합니다.

그렇다면 몸의 장기가 생성되고 뇌가 급격히 발달하는 이때, 우리 아기를 위해 해 주어야 할 것에는 무엇이 있을까요?

바로 스스로 생각할 수 있는 능력, 지혜로움의 씨앗을 심어 주는 일입니다. 지혜가 없다면 머릿속에 아무리 지식이 많다고 한들 그것을 제대로 활용할 수 없을 것입니다. 무조건 많이 가르친다고 훌륭한 아이로 키울 수 있는 것은 아닙니다.

아기의 반응을 끌어내기 위해 동화책을 읽어 주는 중간 중간에 질문을 던져 보세요. "아가야, 너라면 이럴 때 어떻게 하겠니?" 하고 말이에요. 아마도 아기는 자라나면서 스스로 생각하는 지혜로운 아이가 될 것입니다.

태아의 상상력을 키워 주는 DIY태교

'Do It Yourself'의 약자인 DIY는 물건을 손수 만드는 것을 뜻합니다. 따라서 DIY태교란 뜨개질이나 십자수, 퀼트처럼 임신부가 직접 소중한 내 아기의 물건을 제작하는 것입니다. DIY태교는 엄마가 손끝을 움직임으로써 태아의 뇌를 자극하는 효과가 있을 뿐 아니라, 아기용품을 얻을 수 있다는 점에서 일석이조의 장점이 있습니다. 아기가 입을 옷이나 베개, 인형 등을 직접 만든다는 생각만으로 마음이 행복해지지 않나요?

■ 실천법

태아의 두뇌 활동을 자극하자

손가락을 움직이는 것은 임신부뿐 아니라 태아의 두뇌 발달에도 좋습니다. 아기에게 섬세한 감각과 집중력을 길러 주고 싶다면 DIY태교에 주목해 보세요. 집중력과 창의력, 성취감까지 얻을 수 있는 것이 바로 DIY태교입니다.

태아를 위한 정성스런 마음

소중한 내 아기를 위해 무언가를 만든다는 것은 정서적으로 기쁨과 만족감을 얻게 합니다. 이러한 정서적 안정은 태아에게도 좋은 영향을 줍니다. 또한 아기용품을 사는 데 드는 돈을 절약할 수 있다는 장점도 빼놓을 수 없습니다.

나쁜 괴물을 물리친 지혜로운 어부

　아주 먼 옛날, 한 늙은 어부가 혼자 살고 있었어요. 어부는 착하고 성실했지만 매우 가난했답니다.

　어느 날 어부는 물고기를 잡기 위해 바다에 나가 그물을 던졌어요. 그런데 그날따라 물고기가 한 마리도 잡히지 않았어요.

　"**어휴**, 오늘 왜 이러지? 물고기가 잡혀야 음식을 살 수 있는데……. 하느님, 물고기 좀 잡을 수 있도록 도와주세요."

어부가 다시 그물을 던졌어요. 그러자 이번에는 그물에 무언가가 걸렸어요!

"와! 이게 뭐지? 엄청난 게 걸렸나 보다!"

그물에 뭐가 걸렸는지 아무리 당겨도 꿈쩍도 하지 않았어요. 겨우겨우 그물을 끌어올린 어부는 구리 항아리를 발견했어요.

'우와! 시장에 내다 팔면 열 냥은 받을 수 있겠어!'

어부는 안에 무엇이 들었는지 궁금해서 뚜껑을 열어 보았어요. 그때 "펑!" 하는 소리와 함께 항아리 안에서 한 줄기 연기가 피어올랐어요. 연기는 곧 어마어마하게 큰 괴물로 변했어요.

"나를 이 항아리에서 구해 준 게 너냐?"
"네, 그렇습니다요."
"잘됐다! 마침 배가 고팠는데 너를 잡아먹어야겠다!"
"네? 바다 속에서 구해 주었는데, 저를 잡아먹다니요?"

어부는 너무 억울해서 소리쳤어요. 그러자 괴물이 자신의 이야기를 하기 시작했어요.

"나는 3백 년 전에 이 작은 항아리에 갇혀 바다에 버려졌어. 처음에는 누군가가 나를 구해 준다면 그 사람을 엄청난 부자로 만들어 주겠다고 다짐했지. 하지만 **백 년**이 지나도 아무도 구해 주지 않았지. 그래서 나는 다시 맹세했어. 누구든 백 년 안에 나를 구해 준다면 값진 보물을 주겠다고 말이야. 하지만 그것도 소용없었어. 그렇게 2백 년이 지났어. 나는 너무 화가 났어. 그래서 이번에는 백 년 안에 나를 구해 주는 사람이 있다면 그 자를 잡아먹어 버리기로 마음먹었지."

어부는 아무 말도 할 수 없었어요. 하지만 이대로 괴물에게 잡아먹힐 수는 없었어요. 어부는 **꾀**를 생각해 냈어요.

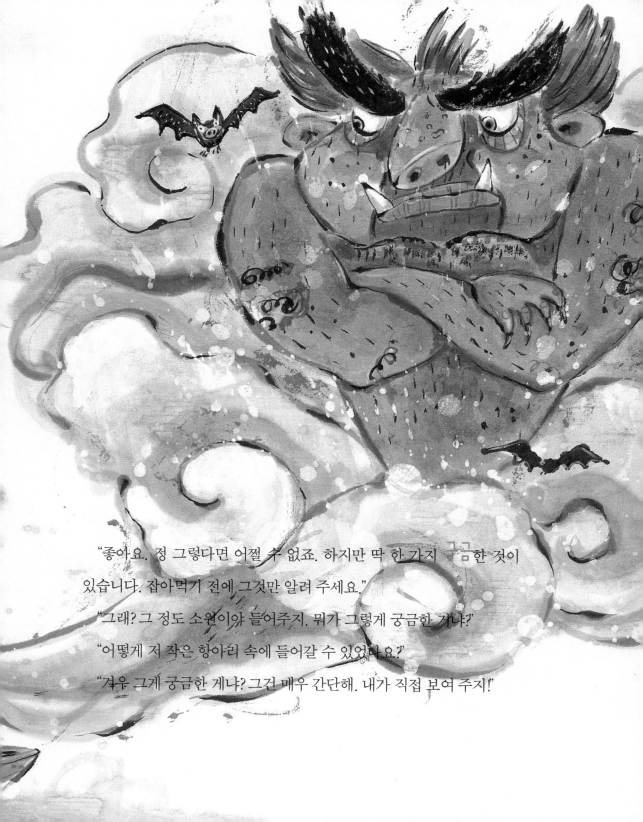

"좋아요. 정 그렇다면 어쩔 수 없죠. 하지만 딱 한 가지 궁금한 것이
있습니다. 잡아먹기 전에 그것만 알려 주세요."

"그래? 그 정도 소원이야 들어주지. 뭐가 그렇게 궁금한 거냐?"

"어떻게 저 작은 항아리 속에 들어갈 수 있었나요?"

"겨우 그게 궁금한 게냐? 그건 매우 간단해. 내가 직접 보여 주지!"

어부의 말이 끝나자마자 괴물은 연기로 변하더니 다시 항아리로 들어갔어요. 그 순간 어부는 재빨리 뚜껑으로 항아리를 닫아 버렸어요.

"이 어리석은 괴물아, 나올 수 있으면 어디 한번 나와 봐! 은혜도 모르고 나를 잡아먹겠다고? 너같이 못된 녀석은 바다 속에서 다시는 나오지 못하게 해야 해!"

"……안 돼! 미안해! 제발, 제발 살려 줘!"

괴물은 뒤늦게 자신의 행동을 후회하고 를 빌었어요. 하지만 항아리는 이미 바다 깊은 곳으로 떨어진 후였답니다.

아기를 위한 1000가지 느낌의 대화

아가야, 힘없는 어부가 어떻게 어마어마하게 큰 괴물을 물리칠 좋은 생각을 할 수 있었을까? 괴물보다 훨씬 작고 힘도 없지만 '지혜'가 있었기 때문이란다. 우리 아가도 이런 지혜가 있다면 세상을 훨씬 현명하게 살아갈 수 있을 거야. 위험한 상황에서도 정신을 바짝 차리면 못 해낼 것이 없단다. 그러면 지혜도 얻을 수 있지. 남들이 생각하지 못하는 것도 생각할 수 있게 되는 거야. 괴물이 항아리에서 나왔다면 다시 항아리로 들어가는 것도 가능하다는 것을 생각해 낸 어부처럼 말이지.
사랑하는 아가야, 지혜로운 어부의 모습을 마음속에 새겨 두렴. 아마 어부처럼 위험한 순간을 거뜬히 해결할 수 있게 될 거야.

듀나 공주의 꿈

먼 옛날 듀나라는 이름의 아름다운 공주가 살고 있었어요. 그 나라의 많은 젊은이들이 듀나 공주에게 청혼을 했답니다. 하지만 듀나 공주는 남자에게 관심이 없었어요. 그것은 어릴 적에 꾸었던 꿈 때문이었어요.

어느 날 밤 듀나 공주는 꿈에서 숲 속을 걷고 있었어요. 그곳에서는 한 남자가 커다란 그물로 새를 잡고 있었어요. 모이를 뿌려 놓은 그물 안으로 새들이 많이 모여들었어요. 그 새들 중에는 비둘기 한 쌍도 있었어요. 그때 남자가 그물을 당겨서 새들을 잡았어요.

"새들아! 어서 피해!"

공주가 소리를 질렀지만 목소리가 입 밖으로 나오지 않았어요. 많은 새들이 그물에 걸리고 말았어요. 그중에는 수비둘기도 있었어요. 그런데 다른 새들은 모두 놀라서 날아갔지만 암비둘기만은 남아서 부리로 그물을 쪼았어요.

'아, 수비둘기를 구하려고 혼자 남았구나. 어쩜 새들도 제 짝을 소중히 여기는 마음이 사람과 똑같구나.'

마침내 그물이 끊어졌어요. 암비둘기는 수비둘기와 함께 달아났지요. 남자는 망가진 그물을 고쳤어요. 또다시 수많은 새들이 날아왔고, 이번에는 암비둘기가 그물에 걸리고 말았어요.

'저런! 어쩌면 좋아! 그래도 수비둘기가 구해 주겠지.'

그런데 수비둘기는 다른 새들과 함께 날아가 버리고는 다시 돌아오지 않았어요.

'어쩜 저럴 수가! 자기를 구해 줬던 암비둘기를 버리고 도망가다니!

그 꿈을 꾸고 난 후부터 공주는 남자가 싫어졌어요. 암비둘기를 두고 도망친 수비둘기처럼 남자들은 다 믿을 수 없다고 생각했던 거예요.

이런 사정을 알 리 없는 남자들은 공주에게 끊임없이 청혼을 했어요. 그중에는 이웃 나라의 무르크 왕자도 있었어요. 왕자는 공주를 너무 사랑해서 값비싼 선물과 마음이 담긴 편지를 보냈지만 공주는 거들떠보지도 않았답니다. 그러나 왕자는 포기하지 않았어요. 그래서 어릴 적부터 공주를 돌보아 온 유모를 찾아갔어요.

"나는 이웃 나라에서 온 무르크 왕자라고 합니다. 나는 진심으로 듀나 공주를 사랑하고 있습니다. 제발 공주와 만나게 해 주세요."

유모는 왕자의 진실한 마음과 자신감 있는 모습이 마음에 들었어요.

"네, 좋아요. 공주님과 만나게 해 드릴게요."
"정말 감사합니다. 그런데 공주님은 왜 그렇게 남자를 싫어하는 거죠?"
"아, 그건 말이에요……."

유모는 왕자에게 공주의 꿈 이야기를 들려주었어요. 이야기를 들은 왕자는 곰곰이 생각에 잠겼어요. 그러고는 왕궁의 넓은 정원으로 갔어요. 그곳에는 네 개의 벽으로 둘러싸인 정자가 있었답니다. 왕자는 화가들을 불렀어요.

"지금부터 정자의 벽에 내가 시키는 대로 그림을 그려다오."
"네, 왕자님."

왕자의 지시에 따라 첫 번째 벽에는 남자가 그물을 치는 모습을 그렸

어요. 그리고 두 번째 벽에는 암비둘기가 수비둘기를 구하는 모습을 그렸어요. 세 번째 벽에는 남자가 암비둘기를 잡는 모습을 그렸어요. 마지막으로 네 번째 벽에는 수비둘기가 커다란 새에게 잡히는 모습을 그렸답니다. 완성된 그림을 보며 왕자는 빙그레 미소를 지었어요.

며칠 후 공주는 정원으로 산책을 나왔어요. 정원 **이곳저곳**을 둘러보던 공주는 정자 쪽으로 발걸음을 옮겼어요. 그러고는 그림을 발견하고 깜짝 놀랐어요.

"아니, 내가 꿈에서 본 내용이 그대로 있네. 신기해라."

공주는 첫 번째 그림과 두 번째 그림을 찬찬히 들여다보았어요.

"맞아. 남자가 그물을 쳤는데 수비둘기가 잡혀서 암비둘기가 구해 줬지."

공주는 다음 벽으로 가서 그림을 보았어요.

"그런데 암비둘기가 잡혔을 때 수비둘기는 구해 주지 않았어!"

공주는 마지막으로 네 번째 벽에 그려진 그림을 보았어요.

"어머, 저게 뭐지? 수비둘기가 큰 새에게 공격을 받고 있네? 그럼 수비둘기가 도망간 게 아니라 커다란 새의 공격을 받아서 구하러 오지 못했던 거로구나. 지금까지 내가 잘못 알고 있었어. 사랑하는 암비둘기를 구하지 못한 수비둘기도 마음이 몹시 아팠을 텐데……."

그때 풀숲에 숨어 있던 왕자가 공주에게 나타났어요.

"안녕하세요, 듀나 공주님. 저는 이웃 나라의 무르크 왕자입니다. 공주님을 보기 위해서 왔습니다."

왕자를 보고 공주는 처음으로 멋진 남자라는 생각을 했어요. 공주는 왕자를 왕궁으로 초대했고 오랜 시간 동안 즐거운 대화를 나누었답니다.

두 사람은 금세 사랑에 빠졌어요. 멋있는 무르크 왕자가 공주님의 마음을 사로잡은 거예요. 결국 무르크 왕자의 지혜와 공주에 대한 깊은 사랑으로 공주와 왕자는 성대한 결혼식을 올렸고 오래오래 행복하게 살았답니다.

 아기를 위한 1000가지 느낌의 대화

아가야, 공주가 결국 왕자를 사랑하게 되어서 참 다행이야. 왕자가 대단하지 않니? 수비둘기가 큰 새에게 공격을 당해서 암비둘기를 구하지 못했다는 생각을 하다니 말이야.
엄마 아빠가 지금부터 무르크 왕자처럼 소중한 것을 위해서 지혜를 발휘할 수 있도록 많이 도와줄게. 지혜는 우리 아가가 좋은 책을 읽고, 좋은 음악을 듣고, 좋은 것을 보는 것을 통해 기를 수 있단다. 아가가 좋은 생각을 많이 해서 지혜가 무럭무럭 자라도록 엄마가 좋은 것만 보여 주고 들려줄게. 그리고 네가 지혜롭게 성장하는 것을 언제까지나 지켜볼 거란다.

제3장

마음으로 나누는 사랑을 가르치는 이야기

3개월 심장이 발달하는 시기

임신 3개월에 들어서면 태아는 이전보다 서너 배 이상 성장합니다. 머리와 몸, 팔다리의 구분이 확실해지고 제법 사람다운 모양새를 갖추게 됩니다. 각종 내부 장기도 대부분 완성되는데, 그중에서도 심장은 혈액순환이 시작되고, 초음파 검사를 통해 박동 소리를 들을 수 있을 만큼 발달하게 됩니다.

이 시기는 태아에게 풍부한 감수성을 심어 주기 좋은 때입니다. 아이와 대화할 때 임신부는 최대한 편안한 자세를 취하고 배를 부드럽게 만지면서 말을 걸어 주세요. 아름다운 노래를 불러 주거나 흥미진진한 동화책을 읽어 주는 것도 좋습니다. 지혜와 기지, 신뢰와 믿음, 친구간의 우정, 용기와 모험심을 담은 이야기는 아기의 감수성을 키우는 데 도움을 줍니다.

무엇보다도 황량한 사막에서도 꽃을 피우게 하는 놀라운 '사랑'의 힘에 대해 꼭 알려 주세요. 어떤 위험이나 어려움도 이겨내게 하는 사랑 이야기를 들려주다 보면 자연스레 사랑이 충만한 아이로 자라납니다.

서로에 대한 믿음과 사랑이야말로 이 세상을 풍요롭고 따뜻하게 하는 가장 중요한 가치임을 소중한 내 아기가 가슴 깊이 느끼도록 해 주세요.

풍요로운 사랑을 위한 간단 레시피, 음식태교

■ 실천법

비타민 C가 가득! 제철 과일을 이용한 셔벗

준비물 : 딸기, 오렌지, 멜론 등 제철 과일 적당량, 우유 200ml, 연유 200g

간단 레시피

1. 과일은 잘 손질해서 깨끗이 씻어 놓는다.

2. 믹서를 이용하여 과일을 잘게 간다.

3. 2에 준비한 우유와 연유를 넣는다.

4. 틀이나 용기에 부어 냉동실에 넣는다. (약 3시간 소요)

칼슘 만점! 멸치로 국물 낸 삼색 수제비

준비물 : 시금치 50g, 국물용 멸치 한 주먹, 계란 2개, 밀가루 3컵, 당근 1/2개, 양파 1개, 호박 1개, 감자 1개, 바지락 적당히, 파 한 뿌리, 국간장 약간, 소금 약간

간단 레시피

1. 시금치 50g에 물 1/2컵을 넣고 믹서에 간 다음 깨끗한 거즈 천으로 즙을 짠다.

2. 당근은 강판에 갈아 거즈 천으로 즙을 짠다.

3. 분량의 밀가루를 3등분하여 당근 즙(6큰술), 시금치 즙(6큰술), 계란(2개)으로 각각 반죽한다.

4. 멸치를 넣고 끓인 국물에 3가지 반죽을 조금씩 떼어 넣는다.

5. 국간장과 소금으로 간을 하고 바지락을 넣은 다음 양파와 파를 넣고 좀더 끓인다.

하늘을 나는 말

먼 옛날 사부르 왕국을 다스리는 왕이 있었어요. 왕에게는 잘생긴 왕자가 한 명 있었답니다.

어느 날 왕은 백성들을 위해 커다란 잔치를 열었어요. 그런데 이 잔치에 마법사가 선물을 가지고 찾아왔어요. 이 마법사는 왕자를 해치려는 나쁜 마법사였어요.

마법사는 진짜 말처럼 생긴 커다란 목마에 주문을 걸어 왕자 앞에서 보란 듯이 왕에게 바쳤답니다.

"임금님, 이 목마는 타기만 하면 아주 먼 곳도 한걸음에 갈 수 있습니다. 가고 싶은 곳은 어디든 갈 수 있어요."

그 말을 들은 왕자는 목마가 탐이 났어요. 그래서 왕에게 목마를 타고 싶다고 졸랐답니다. 마법사는 왕자에게 목마 타는 법을 알려 주었어요. 하지만 하늘로 올라가는 방법만 가르쳐 주고 내려오는 방법은 가르쳐 주지 않았어요. 결국 목마를 탄 왕자는 하늘로 끝없이 날아오르다 사라져 버리고 말았어요.

"아니, 이 목마가 어디까지 올라가는 거지? 왕궁이 보이지도 않잖아!"

하늘로 올라간 왕자는 한참을 헤매다가 겨우 땅으로 내려가는 방법을 알아냈어요. 어느 나라의 궁전으로 내려간 왕자는 마침 불빛이 켜진 방으로 들어갔어요. 방 안에는 그 나라의 공주가 잠들어 있었어요. 공주는 너무 아름다웠어요. 왕자는 첫눈에 사랑에 빠지고 말았답니다. 그때 공주가 잠에서 깨어났어요.

"어머, 깜짝이야! 당신은 누구세요?"
"아, 저는 사부르 왕국의 왕자입니다."

　　공주도 왕자의 늠름한 모습을 보고 사랑에 빠졌답니다. 왕자는 공주와 결혼하기 위해 함께 목마를 타고 자신의 나라로 돌아갔어요.

　　그런데 왕자가 돌아온 것을 알게 된 마법사가 이번에는 공주를 빼앗기로 마음먹었어요. 마법사는 공주를 데리고 먼 곳의 낯선 나라로 도망갔어요. 그러나 곧 그 나라의 왕에게 잡혀 감옥에 갇히고 말았어요. 왕이 공주에게 반해서 공주를 차지하고 싶었기 때문이에요. 너무 무서웠던 공주는 병에 걸려서 일어나지 못하는 척했어요.

한편 공주를 찾아 나선 왕자는 목마를 타고 온 세계를 돌아다녔어요. 왕자는 이 나라 저 나라를 다니다가 마침내 공주가 있는 나라까지 오게 되었어요. 왕자는 마을 사람들에게 공주가 잡혀서 병들어 있다는 말을 들었어요. 왕자는 공주를 구할 방법을 **곰곰이** 생각했어요. 그러고는 자신을 의사라고 속이고 왕궁으로 들어갔어요.

"임금님, 저는 어떤 병도 고칠 수 있습니다. 아픈 공주님을 제가 낫게 해 드리겠습니다."
"정말이냐? 공주를 고쳐만 준다면 커다란 상을 내리겠다."

그리하여 왕자는 마침내 공주를 다시 만나게 되었어요. 왕자는 얼른 공주를 목마에 태우고 하늘 **높이** 날아올랐어요. 이 광경을 보게 된 왕이 소리쳤어요.

"저 목마를 어서 잡아라! 공주를 잡아!"

왕이 소리를 질렀지만 소용없었어요.

다시 만난 왕자와 공주는 눈물을 흘리며 기뻐했어요. 그리고 다시는 헤어지지 않겠다고 맹세했어요.

왕자는 공주와 함께 목마를 타고 사부르 왕궁으로 돌아갔어요. 왕과 왕비는 크게 기뻐하며 온 나라에 잔치를 베풀었고, 왕자와 공주는 곧 결혼식을 올렸답니다. 그리고 왕자는 얼마 뒤에 왕이 되어서 왕비와 함께 평화로운 나라를 만들었어요.

 아기를 위한 1000가지 느낌의 대화

만약 이 세상에 하늘을 나는 목마가 있다면 우리 아가도 한번 타 보고 싶을 것 같구나. 높은 하늘을 자유롭게 날면서 세상을 내려다보는 상상을 해 보렴. 정말 신나고 즐거울 거야. 아가라면 어디에 가장 먼저 가고 싶니? 엄마는 초록빛 바다도 가 보고 싶고, 공주와 왕자가 결혼한 예쁜 궁전도 가 보고 싶은데 말이야.

그런데 세상에는 하늘을 나는 목마만큼이나 신기한 것이 또 있단다. 바로 사랑이야. 사랑의 힘은 우리가 상상할 수도 없을 만큼 크단다. 사막에서도 예쁜 꽃을 피울 수 있는 게 사랑이야. 믿을 수 없다고? 세상에는 그런 기적이 정말로 일어난단다.

아가도 나중에 그런 사랑을 경험하게 될 거야. 어서 빨리 그런 날이 오기를 엄마 아빠가 기도할게.

사랑 때문에 도둑이 된 사내

먼 옛날 지혜롭고 착한 왕이 있었어요. 왕은 사람들에게 문제가 생길 때마다 현명하게 해결해 주었어요.

어느 날 사람들이 왕에게 한 남자를 데려왔어요.

"임금님, 이 남자는 도둑질을 하다가 붙잡혔습니다. 벌을 내려 주세요."

그런데 그 남자는 도둑이라고 하기에는 너무 단정하고 착해 보였어요. 왕은 남자의 얼굴을 물끄러미 들여다보고는 물었어요.

"내가 보니 너는 도둑질을 할 사람이 아니구나. 무슨 사정
때문에 여기까지 오게 된 것이냐?"

그러자 젊은이는 차분한 목소리로 대답했어요.

"사람들이 말한 것처럼 저는 도둑질을 해서 여기에 붙잡혀 왔습니다.
그러니 저에게 벌을 내려 주세요."
"네 옷차림을 보니 도둑질을 할 만큼 집안 형편이 어렵지도 않은 것
같은데, 정말 남의 물건을 훔쳤느냐?"

왕이 여러 번 물었지만 젊은이의 대답은

한결같았어요. 왕은 어쩔 수 없이 젊은이를 감옥에 가두라고 명령했어요. 젊은이는 법에 따라 백 대의 매를 맞는 벌을 받게 되었어요. 하지만 왕은 아무래도 젊은이가 거짓말을 하고 있다는 생각이 들었어요.

다음 날 젊은이가 벌을 받기 위해 사람들이   모인 광장으로 끌려 나왔어요. 곧 무시무시하게 생긴 집행관이 커다란 몽둥이를 들고 나타났어요. 그런데 집행관이 몽둥이를 하늘 높이 쳐든 순간이었어요. 갑자기 한 여자가 맨발로 달려 나와서는 소리를 지르며 젊은이 앞을 막아섰어요.

"안 돼요! 이 사람을 때리지 말아요! 이 사람은 도둑이 아니에요!"

여자는 왕에게 다가가 두루마리 하나를 내밀었어요. 거기에는 젊은이
에 대한 시가 쓰여 있었어요.

　　오, 왕이시여 그는 사랑에 빠진 남자

　　사랑을 위하여 모든 것을 버린 불쌍한 사람

　　새하얀 그의 마음이 나로 인해 검게 물들었으니

　　사랑 때문에 도둑이 된 그를 용서하소서…….

왕은 여자를 따로 불러서 물었어요.

"저 남자와 무슨 사이고 또 어떤 사연이 있는 것이냐?"

"사실 저 남자와 저는 서로 사랑하는 사이입니다. 어느 날 그가 저희
집 앞에 와서 저를 부르려고 제 방 유리창에 돌을 던졌어요. 마침 저희
가족이 그것을 보고 그를 도둑으로 의심하여 잡아 온 거예요. 가족들은
우리가 사귀는 것을 모르기 때문에 제가 가족들에게 혼이 날까봐 도둑
인 체하는 거고요. 그는 아무런 죄가 없어요. 임금님, 그이를 제발 풀어
주세요. 차라리 제가 대신 벌을 받겠습니다."

여자의 이야기를 들은 왕은 곧바로 젊은이를 풀어 주었어요. 또 여자

58

의 부모를 불러 이 사연을 이야기하고 둘을 곧바로 결혼시키도록 했어요. 광장에 모인 사람들도 아름다운 사랑 이야기에 감동하여 그들을 축복해 주었어요. 순식간에 지옥에서 천국으로 건너온 두 사람의 얼굴에 행복한 눈물이 흘러 넘쳤답니다.

 아기를 위한 1000가지 느낌의 대화

아가야, 사랑이란 누군가를 아껴 주고, 지켜 주고, 또 항상 함께 있고 싶은 마음이란다. 사랑은 여러 가지 방법으로 표현할 수 있단다. 시를 쓸 수도 있고, 노래를 부를 수도 있고, 또 그림으로 그릴 수도 있어. 엄마 아빠가 우리 아가를 위해 기도하는 것도 사랑의 표현이야.

이 이야기 속의 여자는 젊은이에 대한 사랑을 시로 써서 왕에게 알렸지. 젊은이를 사랑하는 마음이 너무나 커서 시를 쓰지 않을 수 없었단다. 여자의 사랑이 없었다면 젊은이는 형벌을 받을 수밖에 없었을 거야.

엄마 아빠도 우리 아가에게 사랑하는 마음을 가르쳐 주고 싶구나. 우리 아가가 다른 사람에게 사랑을 표현하고 베풀 수 있을 때까지 말이야.

제4장

다양한 감정을 경험하게 해 주는 이야기

4개월 감정이 형성되는 시기

임신 4개월째가 되면 태아는 몸의 장기가 어느 정도 완성되어 각각의 기능을 제법 수행합니다. 심장은 힘차게 뛰면서 온몸에 피를 순조롭게 보내고, 투명했던 피부는 점점 붉은색 기운이 돌며 두꺼워집니다. 손가락, 발가락이 생기고 얼굴과 몸에는 보호를 위한 털이 형성됩니다.

완전해지는 것은 몸뿐만이 아닙니다. 뇌가 발달하면서 기억력과 관련된 부분이 활성화되고, 기지개를 켜며 하품을 하는 등 표정 변화도 풍부해집니다. 이로써 태아는 이전보다 더욱 다양한 감정을 느낄 수 있습니다. 또한 임신부는 직접적인 태아의 움직임인 태동을 서서히 느끼기 시작합니다. 그런 만큼 엄마와 태아 간의 친밀감이나 유대감은 커질 수밖에 없습니다.

이때 엄마 아빠는 태아에게 사랑과 우정, 믿음 등의 중요한 가치에서부터 기쁨, 슬픔, 놀라움 같은 다양한 감정을 경험하게 해 주세요. 엄마 아빠의 따뜻한 가르침 아래 감수성 풍부한 아이로 자라날 것입니다.

그중에서도 세상을 살아 나가는 데 가장 중요한 가치 중 하나인 '우정'에 대해 꼭 알려 주세요. 친구 사이에 서로를 믿고 아끼는 감정은 사막의 오아시스처럼 없어서는 안 될 소중한 것입니다. 〈고양이와 까마귀〉, 〈가난한 남자와 친구 이야기〉는 먼저 베풀 줄 아는 넉넉한 마음으로 진실한 우정을 실천하는 재미있고 감동적인 이야기입니다.

행복하고 똑똑한 아이로 키워 주는 웃음태교

웃음태교는 임신부의 스트레스를 해소하고 기분을 좋게 해 주어 뱃속의 아기에게도 좋은 영향을 줍니다. 행복해서 웃을 때는 면역력이 높아지고 활성화 산소의 영향으로 혈액이 맑아집니다. 또한 소리 내어 웃는 웃음은 태아의 청각을 자극할 뿐 아니라 뇌를 자극하여 똑똑하고 총명한 아이로 자라도록 합니다.

엄마 아빠가 웃으면 뱃속의 아기도 따라 웃습니다. 작은 웃음 하나가 가족 모두를 행복하게 한다는 사실을 기억하세요.

■ 실천법

하루 5분, 행복을 부르는 마법, 웃음

1. 아침에 눈을 뜨면 남편과의 웃음 인사로 하루를 시작하세요. 부드럽게 배를 쓰다듬으며 아기에게도 아침 인사를 해 주세요. 마음에서 우러나는 행복한 웃음은 온 가족의 하루를 즐겁게 해 줄 것입니다.

2. '짝짝짝' 박수를 치며 큰 소리로 웃어 보세요. 박수를 치며 웃으면 뇌신경을 자극해 태아의 감성을 풍부하게 해 주는 효과를 누릴 수 있습니다.

3. 행복하고 즐거운 상상을 하세요. 지나간 일들을 떠올리거나 TV나 책에서 봤던 재미있는 장면을 되짚어 생각하는 것도 좋습니다.

고양이와 까마귀

옛날에 매우 사이좋은 고양이와 까마귀가 있었어요. 낮에는 까마귀가 하늘을 빙빙 돌면서 고양이를 보살펴 주었어요. 또 밤에는 고양이가 나뭇가지 위에서 잠자는 까마귀를 지켜 주었지요.

"우리 언제까지나 사이좋게 지내자."

고양이와 까마귀는 약속했어요.
그런데 어느 날, 까마귀가 먹이를 구하러 간 사이에 무섭게 생긴 표범한 마리가 나타났어요. 고양이는 깜짝 놀라 나무 위로 펄쩍 뛰어 올라갔어요. 표범은 나무 밑에서 고양이를 바라보았어요. 고양이는 오들오들 떨면서 생각했어요.

'아, 이제 꼼짝없이 죽었구나. 이럴 때 까마귀가 옆에 있었으면 얼마나 좋을까?

바로 그 순간이었어요. 먹이를 구하고 돌아온 까마귀가 고양이가 있는 가지 옆으로 사뿐히 내려앉았어요.

"까마귀야!"
"미안해, 고양이야. 내가 없는 사이에 네가 위험에 처했구나."

고양이는 너무 반가웠지만 자기 때문에 까마귀도 위험해질까봐 냉정하게 말했어요.

"저리 가, 이 까마귀야!"
"너 왜 그래?"
"몰라. 저리 가. 난 괜찮으니까, 어서 가라고!"

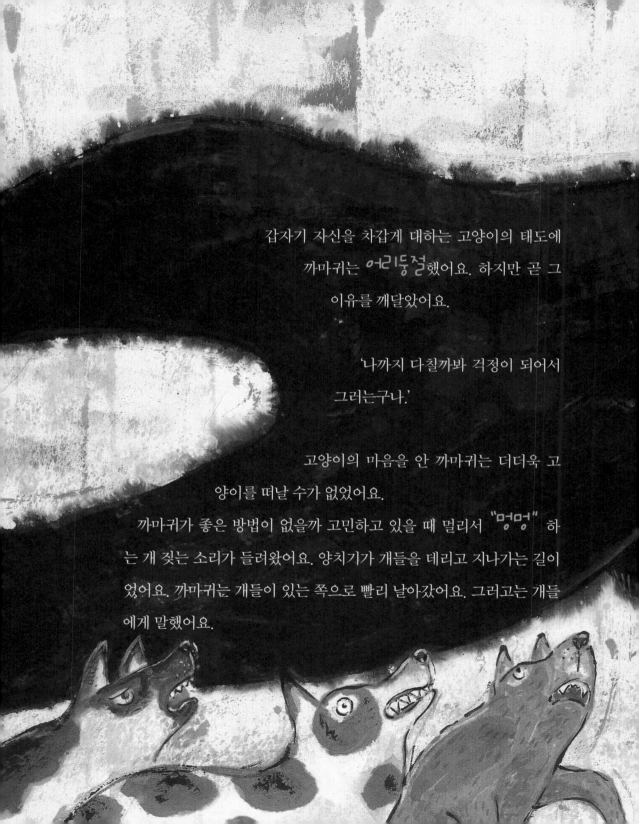

갑자기 자신을 차갑게 대하는 고양이의 태도에 까마귀는 어리둥절했어요. 하지만 곧 그 이유를 깨달았어요.

'나까지 다칠까봐 걱정이 되어서 그러는구나.'

고양이의 마음을 안 까마귀는 더더욱 고양이를 떠날 수가 없었어요.

까마귀가 좋은 방법이 없을까 고민하고 있을 때 멀리서 "멍멍" 하는 개 짖는 소리가 들려왔어요. 양치기가 개들을 데리고 지나가는 길이었어요. 까마귀는 개들이 있는 쪽으로 빨리 날아갔어요. 그리고는 개들에게 말했어요.

"바보 같은 개들아, 잡을 수 있으면 날 한번 잡아 봐!"

까마귀는 일부러 낮게 날면서 개들을 약올렸어요. 화가
난 개들이 까마귀를 쫓아오기 시작했어요.

"뭐라고? 너 당장 이리 내려오지 못해?"
"잡을 수 있으면 어디 한번 잡아 봐! 그런 개미 같은 속
도로 나를 잡을 수 있을 것 같아?"
"너 잡히기만 해봐! 가만두지 않을 테다!"
"말로만 하지 말고 잡아 보라고. 사실은 참새 한 마리도
못 잡는 겁쟁이면서!"

"우리는 바보도 아니고 겁쟁이도 아니야!"

개들은 쌩쌩 달려 까마귀를 뒤쫓아 왔어요. 까마귀는 고양이가 있는 나무 근처까지 와서는 개들에게 다시 말했어요.

"너희가 정말 바보도 아니고 겁쟁이도 아니라면 힘없는 나 말고, 저 표범을 한번 잡아 봐. 그럼 내가 너희들을 인정할게!"

까마귀의 말을 듣자마자 흥분한 개들은 한꺼번에 표범에게로 달려갔어요. 이를 본 표범은 깜짝 놀라, 걸음아 나 살려라 하며 도망가고 말았답니다. 표범의 모습이 저 멀리 사라지고 나자 까마귀는 부드러운 목소리로 고양이에게 말했어요.

"고양이야, 표범은 이제 가고 없어. 나무에서 내려와도 돼."

고양이는 자신을 구하기 위해 위험을 무릅쓴 까마귀가 너무나도 고마웠어요. 고양이는 눈물을 흘렸고, 까마귀는 그런 고양이를 꼭 껴안아 주었답니다. 그 뒤로 둘은 어디를 가든지 함께 하는 둘도 없는 사이가 되었어요.

우와, 표범으로부터 고양이를 구해 낸 용감한 까마귀가 정말 멋지고 대단하지? 연약한 까마귀 한 마리가 덩치 크고 무서운 표범을 이기다니 말이야. 까마귀는 아주 똑똑해서 개들을 약올린 다음 고양이를 구하는 데 이용했지. 이런 놀라운 힘을 발휘할 수 있었던 건 바로 우정이 있어서란다.

우정이 뭐냐고? 까마귀와 고양이처럼 기쁠 때 함께 하고 힘들 때 위로해 주는 친구의 마음을 '우정'이라고 하는 거야. 진실한 우정을 나누는 친구가 있다면 이 세상은 더욱 아름답게 변한단다.

까마귀와 고양이는 서로 생긴 건 달라도 아주 멋진 친구 사이가 되었지. 우리 아가는 어떤 친구를 사귀면 좋을까? 겉모습이 화려하지는 않더라도 착한 마음씨를 가진 성실한 친구가 생기면 참 좋겠구나. 우리 아가가 먼저 다가가 좋은 친구가 되어 주면 더욱 좋은 일이고 말이야.

엄마 아빠는 우리 아가가 소중한 우정을 가꾸어 나가는 것을 가까이서 지켜보고 싶구나.

가난한 남자와 친구 이야기

먼 옛날, 부모님이 물려주신 돈으로 편안히 살아가는 카림이라는 청년이 있었어요. 카림은 맛있는 음식만 먹고, 좋은 옷만 입었어요. 주위에는 친구들도 많았답니다. 그래서 카림은 매우 행복했어요.

카림은 마음씨가 나쁜 사람은 아니었지만, 땀 흘려 일한 적이 없어서 돈의 소중함을 잘 알지 못했어요. 돈이 귀한지 모르고 아무렇게나 써 대다가 마침내 빈털터리가 되고 말았어요. 결국 그의 곁에 있던 친구들도 하나 둘 떠나 버렸어요. 홀로 남겨진 카림은 뒤늦게 후회했어요.

'내가 너무 어리석었어. 친구라고 생각했지만 다 돈 때문에 내 곁에 있었던 거야. 그래도 진정한 친구가 한두 명은 있지 않을까?

카림은 친구들을 찾아다니며 도와 달라고 부탁했어요.

"저어…… 미안한데, 나에게 돈을 조금만 빌려 줄 수 있어? 꼭 갚을게."

"카림, 미안한데 나도 요즘 어려워서……."
"왜 나에게 그러는 거야? 네가 알아서 해."

가깝게 지내던 친구들이 카림의 부탁을 모두 거절했어요. 무거운 발걸음으로 집에 돌아온 카림은 너무나 슬펐어요.
그때였어요. 한 친구가 카림을 찾아왔어요.

"카림, 내가 돈을 빌려 줄게. 큰 도움은 안 되겠지만 말이야."
"아, 정말 고마워. 이 은혜 잊지 않을게. 너무너무 고맙다, 친구야."

카림은 너무나 고마운 마음에 친구의 두 손을 꼭 잡고 눈물을 흘렸어요.

그리고 그 돈으로 보석을 파는 작은 보석상을 차릴 수 있었어요. 카림은 마치 다른 사람이 된 것처럼 밤낮없이 열심히 일을 했어요. 덕분에 가게는 손님들이 조금씩 늘어나 자리를 잡아 갔어요. 하지만 여전히 가난한 생활을 했어요.

그러던 어느 날 세 명의 남자가 가게로 찾아왔어요. 그중 나이가 가장 많아 보이는 사람이 카림에게 물었어요.

"나는 라미르의 아들을 찾고 있네. 자네 아버지의 이름이 라미르가 맞나?"

"네, 제가 아들인데요. 그런데 아버지는 이미 돌아가셨습니다."

그러자 세 명의 남자는 무거워 보이는 보따리를 하나 내놓으며 이렇게 말했어요.

"자네 아버지가 우리에게 맡긴 물건일세. 이걸 자네에게 돌려주는 것이 맞을 것 같네."

카림이 보따리를 열자 그 속에는 번쩍거리는 보석과 금화가 가득했

어요. 카림은 갑작스런 일에 당황하면서도 돌아가신 부모님을 떠올리며 하늘에 감사의 기도를 드렸어요.

얼마 뒤에 또 한 여인이 찾아왔어요. 그런데 5백 냥짜리 보석을 산 여인은 3천 냥을 탁자에 놓아두고는 갑자기 사라졌어요. 카림은 급히 뒤따라 나갔지만 여인은 이미 가 버리고 없었어요.

'정말 이상한 일이네. 뭐 이왕 이렇게 된 거 하늘이 기도를 들어준 거라고 생각하자. 일단 친구의 돈부터 갚아야지.'

카림은 돈을 빌려 주었던 고마운 친구에게 돈을 갚기 위해 찾아갔어요. 그런데 친구는 괜찮다며 한사코 돈 받기를 사양하고는 돌아가는 그에게 편지 한 장을 건넸어요.

집에 돌아온 카림은 그 편지를 읽고 감동의 눈물을 흘렸답니다. 편지에는 이렇게 적혀 있었어요.

처음 너를 찾아갔던 사람은 나의 친척들이었어.

가게에서 보석을 사 간 여인은 나의 어머니였지.

빛나는 보석과 금화는 내가 주는 작은 선물이야.

혹시라도 네가 부담스러워하지는 않을까

걱정이 되어 이렇게 한 거란다.

부디 나의 선물을 기쁘게 받아 주렴.

　그후 카림과 친구는 더욱 깊은 우정을 나누었어요. 그리고 기쁠 때나
힘들 때나 함께 하는 가족 같은 사이가 되었답니다.

 아기를 위한 1000가지 느낌의 대화

아가야, 카림은 부모님이 물려주신 재산이 있을 때는 항상 만족스럽고 즐거웠
을 거야. 부족한 것도 없이 친구들과 마음껏 놀고먹을 수 있었으니까 말이야.
그런데 그 다음에는 어떻게 되었지? 돈의 소중함을 모르고 낭비하다가 빈털터
리가 되어 비참하고 불행해졌지. 그 많은 친구들도 모두 떠나가고, 아무도 카림
을 도와주려 하지 않고 말이야. 카림은 얼마나 무섭고 갑갑했을까?
그때 나타난 진실된 친구 한 명이 카림을 감격시켰지. 친구는 거기서 그치지
않고 여러 가지 방법으로 카림을 도와 감동과 행복을 안겨 주었어.
카림은 정말 불행과 행복을 모두 경험하고 알게 되었구나. 그리고 소중한 친
구를 얻었으니 재산이 많았을 때보다도 더 큰 부자로 살아가게 된 거야.
어때? 우리 아가도 카림의 이야기를 듣고 나니 가슴 뿌듯한 행복이 느껴지는
것 같지 않니?

제5장

언어능력을 길러 주는 이야기

5개월 소리가 들리는 시기

임신 5개월째가 되면 태아는 몸의 움직임이 활발해져서 엄마의 양수 속에서 보다 자유롭게 움직이게 됩니다. 이때 태아의 구르고 두드리고 움직이는 행동은 엄마에게 고스란히 전달됩니다. 엄마는 아기가 움직이는 '태동'을 이전보다 훨씬 강하게 느끼는 것입니다. 이러한 특징은 낮보다 밤에 더욱 두드러집니다.

신체적으로는 몸 전체에 부드러운 솜털이 나고 피부도 지방이 붙어 두꺼워집니다. 또 머리카락이 자라고 호흡도 점점 규칙적으로 변해 갑니다. 그와 동시에 서서히 청각이 완성되어 갑니다. 태아는 이제 엄마 아빠의 목소리를 듣고 기억할 수 있게 되지요.

이 시기에는 어떤 동화를 들려주는 것이 좋을까요? 청각이 발달하는 시기인 만큼 엄마 아빠의 부드러운 목소리로 다양한 어휘가 사용된 동화를 읽어 주는 것이 좋습니다. 의성어나 의태어는 태아의 어휘력과 표현력을 길러 주는 훌륭한 표현입니다.

'새는 **훨훨** 바람을 가르며 날아갑니다.' '거북이는 땀을 **뻘뻘** 흘리며 **엉금엉금** 기어갑니다.' '새빨간 사과가 **주렁주렁** 열렸습니다.'와 같이 똑같은 표현이라도 의성어나 의태어가 들어가면 마치 눈앞에 이야기 속 광경이 펼쳐지듯 생생하고 재미있어집니다. 이러한 어휘를 많이 사용하여 동화책을 읽어 주세요. 다채로운 어휘는 태아의 창의성 발달에도 매우 좋습니다.

몸과 마음을 정화하는 요가태교

요가는 격한 운동을 할 수 없는 임신부에게 특히 좋은 운동입니다. 몸을 유연하게 만들어 줄 뿐만 아니라 마음의 안정을 가져온다는 점에서 일석이조의 효과가 있습니다. 요가는 크게 운동(스트레칭)과 호흡, 명상의 세 가지로 이루어집니다. 자세를 바르게 해 주고 신체를 튼튼하게 해 주는 운동법과 정서적 안정을 가져다주는 호흡법, 마음의 동요를 없애 주는 명상법이 그것입니다. 누구나 쉽게 할 수 있는 요가태교의 방법에 대해 알아봅시다.

■ 실천법

고양이 자세

1. 무릎을 꿇은 자세에서 팔을 앞으로 뻗어 바닥을 짚고 기어 가는 자세를 취합니다. 이때 양손 간격은 어깨 넓이 정도가 적당합니다.

2. 숨을 들이마시며 고개를 위로 젖히고, 허리는 아래로 최대한 낮추되 엉덩이만 높게 유지합니다. 손바닥에 힘을 주어 바닥을 미는 자세를 취합니다.

3. 숨을 내쉬면서 시선은 배를 쳐다보며 어깨를 구부립니다. 배는 등 쪽으로 동그랗게 구부립니다.

4. 위의 자세를 3회 반복합니다.

효과 : 자궁과 골반의 압박을 줄여 주고, 혈액순환이 원활해지도록 돕습니다. 또한 배와 척추의 균형을 잡아 주는 자세이므로 임신 후기에 틈틈이 하면 더욱 좋습니다.

과자가게 주인과 앵무새

옛날 옛날 한 마을에 과자가게 주인이 살고 있었
어요. 가게 주인은 과자를 아주 맛있게 구웠어요. 마
을 사람들은 달콤새콤한 과자를 먹으려고 줄을 서서 기다렸어요.

"여기 과자가 세상에서 가장 달콤하고 새콤해!"

가게는 손님들로 항상 북적북적했어요. 가게 주인은 그 덕분에 돈을
많이 벌었답니다. 하지만 지독한 구두쇠였기 때문에 돈을 거의 쓰지 않

았어요.

어느 날 과자가게 주인은 며칠 동안 집을 비우게 되었어요.

"내가 없는 동안 아내가 돈을 마구 쓰지 않을까?"

아내가 돈을 쓸까봐 가게 주인은 밤에 잠도 오지 않았어요.

그러던 중 가게 주인에게 좋은 생각이 떠올랐어요. 그는 벌떡 일어나서 시내에 나가 알록달록한 색깔의 앵무새 한 마리를 사왔어요. 이 앵무새는 무엇을 보든지 본 그대로 이야기하는 신기한 새였어요.

"앵무새야, 내가 없는 동안 아내가 뭘 하는지 잘 보았다가 말해 줘야 해."

"네, 주인님."

과자가게 주인은 걱정 없이 집을 떠날 수 있었어요. 아무것도 모르는 아내는 남편이 집을 비우자 신이 났어요.

"돈 쓰지 말라고 잔소리하는 남편이 없으니 너무 좋은걸? 자, 이제 뭘하고 놀아 볼까?"

아내는 맛있는 음식들을 잔뜩 사왔어요. 그리고 동네 사람들을 집으로 불러 큰 잔치를 벌였어요. 모두 다 함께 음식을 '냠냠' '쩝쩝' '후루룩' 맛있게 먹었지요.

며칠 후 과자가게 주인이 여행에서 돌아왔어요. 주인은 앵무새에게 가서 물었어요.

"앵무새야, 나 없는 사이에 무슨 일이 있었니?"

"주인님, 주인님이 떠나자마자 집에서 잔치가 열려 소란스러웠어요. 사람들이 음식을 '냠냠' '쩝쩝' '후루룩' 먹었어요."

앵무새의 말을 들은 가게 주인은 화가 나서 폴짝폴짝 뛰었어요. 그래서
아내를 불러서 화를 냈어요. 그러자 아내는 엉엉 울면서 억울해했어요.

"저는 그런 적 없어요. 앵무새가 거짓말을 하는 거예요."
"정말이야?"
"제가 확인시켜 드릴게요. 집 근처에서 하룻밤 주무시고 오세요. 그리고
내일 돌아와서 앵무새에게 내가 무엇을 했는지 다시 한 번 물어보세요."

가게 주인은 아내의 말대로 해 보기로 했어요. 가게 주인이 집을 나가

자마자 아내는 앵무새에게 소리쳤어요.

"이런 못된 앵무새 같으니라고!"

아내는 살금살금 다가가서 커다란 검은색 천으로 새장을 가려 버렸어요. 그러자 새장 안은 밤처럼 깜깜해졌어요. 그리고는 새장 위에 물을 '주르르' 부었어요. 앵무새에게는 마치 '쏴쏴' 비가 내리는 것처럼 느껴졌답니다.

다음에는 새장에 대고 힘차게 부채질을 해서 '쌩쌩' 하는 바람 소리를 냈어요. 또 등불을 비추고 북을 두들겨 큰 소리를 냈어요. 마치 '우르르 쾅쾅' 번개가 치는 것 같았지요.

다음 날 집에 돌아온 가게 주인은 앵무새에게 쪼르르 달려갔어요. 그러고는 물었어요.

"앵무새야, 어제 무슨 일이 있었니?"

"어젯밤에 큰 폭풍우가 몰아쳤어요. 비가 '쏴쏴' 쏟아지고 바람도 '쌩쌩' 불었어요."

"뭐라고? 어제는 비는커녕 햇볕이 쨍쨍하기만 했어!"

"아니에요. 천둥 번개까지 '우르르 쾅쾅' 쳤어요."

"이런, 너는 이 세상에서 제일가는 거짓말쟁이구나!"

가게 주인은 앵무새가 거짓말을 한다고 생각했어요. 화가 머리끝까지 났어요. 그때 아내가 말했어요.

"거짓말쟁이 앵무새는 내쫓아 버려요."

"아까운 내 돈만 버렸잖아! 어서 날아가 버려!"

가게 주인이 새장 문을 활짝 열었어요. 앵무새는 긴 한숨을 쉬더니 푸드덕 날개를 치며 하늘로 날아올랐어요.

그리고 몇 달이 지났어요. 가게 주인은 또 며칠간 집을 비워야 했어요. 그런데 이번에는 일이 빨리 끝나서 하루 일찍 집으로 돌아왔어요.

"하하!" "호호!" "낄낄!"

"응? 우리 집에서 나는 소린가? 무슨 소리지?"

가게 안에서 왁자지껄 떠드는 소리가 들려왔어요. 가게 주인은 창문 안을 들여다보았어요. 그러자 아내가 마을 사람들과 맛있는 음식을 '냠냠 '쩝쩝' '후루룩' 먹으면서 파티를 하고 있는 광경이 보였어요.

"아! 앵무새 말이 사실이었구나! 내 아내가 돈을 이렇게 펑펑 쓰고 있었다니!'

그제야 과자가게 주인은 아내에게 속은 것을 알았어요. 그리고 죄 없는 앵무새를 쫓아 버린 것을 마음속 깊이 후회했답니다.

 아기를 위한 1OOO가지 느낌의 대화

'우르르 쾅쾅, 쌩쌩, 쏴쏴!' 아가야, 앵무새는 아무것도 보이지 않는 캄캄한 어둠 속에서 들린 소리를 폭풍우가 몰아친 것으로 알았지. 그런 요란한 소리를 들으면 누구라도 그렇게 생각했을 거야.
우리 아가는 아무것도 보이지 않으니 소리만으로 모든 것을 상상하고 있겠구나. '냠냠, 쩝쩝, 후루룩'은 사람들이 맛있게 뭔가를 먹는 소리지. '폴짝폴짝'은 토끼처럼 '깡충깡충' 뛰어오르는 모양이야.
'엉엉'은 무슨 소릴까. 그래, 소리 내어 우는 거야. 그럼 웃을 때는 어떤 소리가 날까? '하하, 호호, 낄낄, 히히' 사람들은 이렇게 여러 가지 소리로 웃는단다. 그외에도 무슨 소리가 있을까?
시냇물이 '졸졸졸' 흐르는 소리, '쿵쾅쿵쾅' 뛰어다니는 소리, '삐요삐요' 병원차가 지나갈 때 내는 소리들이 있지. 우리 아가도 엄마 뱃속에서 모두 들어봤던 소리지? 우리 아가가 세상에 나와 더 많고 신기한 소리에 귀 기울일 날이 기다려지는구나.

거북과 자고새

어느 따뜻한 남쪽 나라의 한 섬에 알록달록한 등껍질을 가진 거북들이 살고 있었어요. 섬에는 온갖 과일이 주렁주렁 열린 나무들이 가득했어요. 또 물고기가 사는 호수엔 샘물이 졸졸졸 흐르고 있어서 거북들은 자신이 사는 곳이 너무나 마음에 들었어요.

그런데 어느 날 하늘에서 예쁜 새 한 마리가 내려왔어요.

"우와! 이렇게 예쁜 새가 있다니! 새야, 넌 누구니?"

"응, 난 자고새라고 해."

훨훨 하늘을 날던 자고새가 잠시 쉬려고 내려온 거예요. 자고새는 너무 예뻤어요. 반짝반짝 빛나는 눈과 오색찬란한 깃털, 날씬한 몸을 가지고 있었거든요. 거북들은 짝짝짝짝 박수를 치며 말했어요.

"자고새야, 너는 이 세상에서 가장 아름다운 새일 거야! 이곳에서 우리와 함께 살지 않을래?"

자고새는 두둥실 구름 위를 걷듯 기분이 좋아졌어요. 그래서 며칠 동안 그 섬에서 편히 지냈답니다. 하지만 낮에는 섬 위를 빙글빙글 날아다니며 먹이를 구해야만 했어요. 거북들과는 밤에만 함께 어울릴 수 있었지요. 거북들은 자고새와 하루 종일 놀 수 없어서 속이 상했어요. 그래서 하루는 거북들이 느릿느릿 한자리에 모여 머리를 쑥 내밀고 회의를 했어요.

"자고새와 낮이고 밤이고 함께 있었으면 좋겠어. 무슨 좋은 방법이 없을까?"

거북들이 머리를 모으고 끙끙 고민하고 있을 때였어요. 푸른 등껍질의 한 거북이 말했어요.

"나에게 좋은 생각이 떠올랐어. 내 말대로만 하면 자고새와 하루 종일 같이 있을 수 있을 거야. 일단 자고새를 불러서 이야기해 보자."

거북들이 조르르 달려가 자고새를 데려왔어요. 푸른 등껍질의 거북은 다정한 목소리로 자고새에게 말했어요.

"자고새야, 우리는 너와 잠시도 떨어져 있고 싶지 않아."
"나도 그래."
"그런데 너는 해가 뜨면 하늘로 날아가지 않니? 그러고는 깜깜해져서야 돌아오잖아."

"하지만 나는 날아다
니면서 먹이를 찾아야만 해."

그러자 거북이 빙그레 웃으며 말했어요.

"나한테 좋은 생각이 있어. 먹을 것은 우
리가 구할 테니 너는 그것을 먹기만 하면 돼. 그
대신 네 날개의 깃털을 모두 뽑아서 어디도 가지
않겠다고 약속해 줘."

자고새는 거북의 말이 마음에 들었어요. 더 이상 힘들게
하늘을 날아다니지 않아도 되니까요.

"그래, 좋아. 앞으로는 너희들하고만 지낼게."

자고새의 말에 거북들은 "야호!" 만세를 불렀어요.

자고새는 당장 자신의 아름다운 깃털을 쑥쑥 뽑아 버렸어요. 그러고
는 매일같이 거북들이 가져다준 싱싱한 과일을 오물오물 먹었어요. 자
고새는 금세 토실토실 살이 쪘어요.

그러던 어느 날 섬에 족제비 한 마리가 나타났어요! 섬을 두리번두
리번 둘러보던 족제비는 털이 모두 빠져 흉하고 뚱뚱한 자고새를 발견
했어요.

"아니, 깃털도 하나 없는 저 못생긴 새는 뭐지? 통통한 것이 정말 맛있
겠는걸?"

족제비는 자고새에게 허겁지겁 덤벼들었어요. 놀란 자고새는 푸드덕
푸드덕 날갯짓을 해 보았지만 깃털이 없어 날 수가 없었어요. 결국 뒤
뚱뒤뚱 뛰며 도망가다가 족제비에게 잡히고 말았어요.

"거북들아! 나 좀 살려 줘!"

자고새는 너무나 놀란 나머지 거북들에게 도와 달라고 소리쳤어요. 하지만 거북들도 겁이 나서 벌벌 떨기만 했어요. 자고새는 생각했어요.

'내가 너무나 어리석었어. 소중한 깃털을 모두 뽑아 버리다니. 편안한 생활이 좋아서 진짜 내 모습을 잃어버리고 말았구나!'

족제비에게 잡힌 자고새는 커다란 눈에서 눈물방울을 뚝뚝 흘리며 후회를 했답니다.

 아기를 위한 1000가지 느낌의 대화

아가야, 화려한 깃털을 자랑하는 자고새의 모습을 상상해 보렴. 반짝반짝 빛나는 눈과 오색찬란한 깃털, 그리고 날씬한 몸을 떠올려 보렴.
그런데 그렇게 아름답고 소중한 깃털을 스스로 뽑아 버리다니, 자고새는 큰 실수를 저질렀어. 하늘을 날아다니는 새가 깃털이 없어서 날지 못하다니 말이야. 결국 무서운 족제비에게 잡히고 말았지.
자고새에게 깃털이 중요한 것처럼 사람들도 저마다 중요한 것을 지니고 태어난단다. 사랑하는 가족, 튼튼한 팔다리, 뛰어난 노래 솜씨나 글짓기 실력 등등. 그런데 모두들 평소에는 그 소중함을 모르고 지내는 경우가 많단다. 잃어 버리고 나면 뒤늦게 후회를 하지.
아가야, 우리에겐 무엇이 가장 소중할까? 엄마 아빠에겐 지금 세상에서 우리 아가만큼 소중한 건 없단다. 우리 아가도 세상에 태어나면 자기의 모든 것을 소중하게 간직하고 아낄 줄 아는 사람이 되었으면 좋겠구나.

제6장

오감을 자극하는 모험 이야기

6개월 외부 자극에 반응하는 시기

임신 6개월째가 되면 아기는 신장 약 28cm, 몸무게 650g 정도까지 자랍니다. 몸이 커지는 만큼 움직임도 매우 활발해져서 엄마는 한층 심해진 태동을 느낄 수 있습니다. 이즈음의 태아는 외부 접촉에 반응하기 시작합니다. 태내가 아닌 외부의 자극이나 신호에 반응을 보이는 것입니다. 빛의 변화도 느낄 수 있어서, 외부의 빛을 따라 움직이거나 혹은 빛을 피해 숨기도 합니다. 소리나 리듬에도 민감하게 반응합니다. 이처럼 임신 6개월은 태아가 세상에 나오기 위한 전초전과 같습니다. 다양한 연습과 준비를 통해 새로운 세상과 만날 준비를 하는 시기입니다. 바깥세상은 태내와는 너무나 다른 환경입니다. 수많은 자극과 위험이 있고, 그렇기 때문에 빠르고 안전하게 대응할 준비를 해야 하는 것이죠.

이러한 시기에 우리 아기를 위해 엄마 아빠는 무엇을 가르쳐 주어야 할까요? 바깥세상의 위험과 맞닥뜨리지 않고 안전한 길로만 다닐 수 있게끔 보호해 주어야 할까요? 아닙니다. 그보다는 세상에 당당히 맞서고, 슬기롭게 극복할 수 있는 방법을 알려 주는 것이 좋습니다.

용기는 아이들에게 세상을 더 멋진 곳으로 만들어 줄 열쇠입니다. 배에 가만히 손을 얹고 아기에게 이야기해 주세요. "아가야, 너는 할 수 있단다." "너는 누구보다 용기 있는 아이란다." 하고 말이에요. 아기는 자라서 세상에 두려울 것이 없는 커다란 꿈과 용기를 가지게 될 것입니다.

스트레스를 날리고 자유로움을 만끽하는 여행태교

　여행은 삶의 활력소이자 재충전의 시간을 갖게 해 줍니다. 그래서 여행은 태교에 많은 도움이 될 수 있습니다. 안정을 취해야 하는 임신 초기는 지났으니 이제 짧은 여행을 계획해 보세요. 긴 임신기간 동안 지친 몸과 마음이 상쾌해지는 것을 느낄 수 있을 것입니다. 아름다운 자연과 맑은 공기는 태아의 오감 형성과 두뇌 발달에도 도움이 됩니다.

　■ 실천법

충분한 계획 아래 떠나는 여행

여행을 떠날 때에는 엄마와 태아의 몸 상태 체크가 최우선입니다. 전문의와 상담 후에 떠난다면 심리적으로도 안정을 취할 수 있을 것입니다. 여행태교에서 아빠의 역할은 매우 중요합니다. 여행지에 대한 충분한 조사는 필수입니다. 숙박시설은 관광지와 가깝도록 하고 식당과 같은 여러 가지 시설을 미리 알아 두면 헛된 시간낭비를 줄이고 엄마와 아기가 편안하고 즐겁게 여행태교를 즐길 수 있습니다.

자연과 함께 할 수 있는 곳으로

신선한 공기를 마시면 임신부의 스트레스가 해소됨은 물론 태아의 두뇌 발달에도 좋습니다. 무엇보다 엄마가 심신의 안정을 찾으면 태아 역시 좋은 영향을 받습니다. 휴양림이 있는 국립공원이나 꽃과 허브로 가득한 농장, 경치 좋고 시원한 물이 흐르는 계곡 등을 찾는다면 온 가족이 행복한 여행태교가 될 것입니다.

신드바드의 모험

아주 먼 옛날, 신드바드라는 사람이 살고 있었어요. 신드바드는 하루 종일 짐 나르는 일을 했답니다. 하루는 **힘든** 일을 끝내고 커다란 저택 앞을 지나가게 되었어요.

"와, 이렇게 큰 집에 사는 사람은 누굴까? 정말 좋겠다!"

그런데 우연히 그 저택의 주인이 신드바드의 말을 들었어요. 그래서 주인은 신드바드를 집으로 불렀어요. 알고 보니 그 집 주인의 이름도 신드바드였어요.

"나는 뱃사람 신드바드라고 합니다."
"안녕하세요. 저는 짐꾼 신드바드예요."

뱃사람 신드바드의 집에 들어온 짐꾼 신드바드는 눈이 휘둥그레졌어요.

"우와, 집이 정말 멋져요."
"나도 처음부터 부자는 아니었어요. 내가 부자가 된 이야기를 들어
보겠어요?"
"네? 믿어지지 않아요. 어서 들려주세요."

뱃사람 신드바드는 자신의 이야기를 시작했어요.

"나는 부모님에게 많은 재산을 물려받았어요. 하지만 금방 재산을 다
써 버리고 말았지요. 그래서 먼 나라에 장사를 하러 떠났어요."

뱃사람 신드바드의 이야기는 시작부터 흥미진진했어요. 짐꾼 신드바
드는 이야기에 푹 빠져 들었어요.

"나는 커다란 배를 타고 여러 나라를 돌아다녔어요. 돈도 많이 벌었답니다. 어느 날은 작은 섬을 발견하고 잠시 배를 멈추었어요. 그런데 글쎄 그게 섬이 아니었어요!'

"그럼 뭐였어요?'

"고래의 등이었어요. 엄청나게 큰 고래를 섬으로 잘못 알았던 거예요!
그 고래가 물속으로 들어가는 바람에 나는 배에서 떨어졌어요."
"맙소사! 그래서요?"

짐꾼 신드바드는 깜짝 놀라며 열심히 이야기를 들었어요.

"다행히 나뭇조각을 붙들고 있다가 어느 섬에 쓸려 갔어요. 그 섬에
서 헤어졌던 뱃사람들도 만났어요!"
"우와! 다행이네요!"
"나는 돈을 되찾아서 이곳으로 돌아와 좋은 집을 샀어요. 그렇지만
나는 모험을 그만둘 수 없었어요. 그래서 좋은 옷과 맛있는 음식을 두고
두 번째 모험을 떠났답니다."

"정말요? 어디로 간 거예요?"

"바다로 떠났어요. 그러다가 외딴섬에 도착했어요. 배에서 내려 이곳 저곳을 구경하던 나는 깜박 잠이 들었지요. 그런데 깨어났을 땐 사람들이 나만 두고 떠나 버린 후였어요."

"어휴, 그래서 어떻게 됐나요?"

"그때 갑자기 하늘이 **캄캄**해지더니 코끼리보다 더 큰 루프새가 내려 왔어요. 나는 너무나 놀라고 무서웠지요."

루프새는 아주 무서운 새였기 때문에 짐꾼 신드바드도 깜짝 놀랐어요.

"나는 용기를 내서 루프새가 잠들었을 때 내 몸을 새의 발에 묶었어요. 루프새는 아침이 되자 나를 발에 매단 채 날아서 어느 섬에 내려앉았어요. 그때 끈을 풀고 도망쳤지요!"

"우와, 정말로 다행이네요!"

"그런데 그 섬에서 도망을 치는데 바위틈에 반짝이는 무언가가 보였어요! 바로 다이아몬드였어요! 지금 내가 이렇게 잘살게 된 것은 바로 그 **다이아몬드** 때문이랍니다."

"정말 부러워요. 모험을 떠났기 때문에 지금처럼 잘사는 거네요."

"맞아요. 그런데 정말 이상해요. 나는 지금 행복하게 살고 있지만 세 번째 모험을 준비하고 있거든요."

"네? 정말요?"

짐꾼 신드바드도 뱃사람 신드바드처럼 모험을 해 보기로 했어요.

그래서 세계 곳곳을 돌아다니며 장사를 시작했어요. 모험을 하면서 세상과 맞설 수 있는 용기를 얻었답니다. 얼마 지나지 않아 짐꾼 신드바드는 나라에서 으뜸가는 부자가 되었어요.

 아기를 위한 1000가지 느낌의 대화

아가야, 커다란 배를 타고 머나먼 바다를 떠도는 것을 상상해 보렴. 루프새의 발에 너의 몸을 묶고 하늘을 훨훨 나는 것은 어떠니? 또 고래의 등에 올라탄다면 어떨까? 신날 것 같기도 하지만 조금 무서운 생각도 들지? 모험이란 그런 거란다. 신나고 재미있지만 어떤 일이 생길지 몰라 두렵기도 하지.

하지만 무언가를 이루기 위해서는 새로운 세상을 무서워하지 않아야 해. 넓은 바다를 향해 거침없이 떠난 뱃사람 신드바드는 모험심과 용기 덕분에 큰 부자가 될 수 있었단다. 다른 사람들이 가지 않는 길을 가는 것, 그것이 바로 모험심이자 용기란다.

엄마 아빠는 우리 아가가 모험을 두려워하지 않는 사람이 되었으면 좋겠어. 앞으로도 용기와 모험심을 기를 수 있는 모험 이야기를 많이 들려줄 거란다.

사자와 목수

어느 화창한 오후였어요. 동물의 왕이라 불리는 사자가 숲에서 **쿨쿨** 낮잠을 자고 있었어요. 동물들은 그 누구도 성질이 사나운 사자를 건드리지 못했어요.

사자는 넓은 길 한가운데서 네 다리를 쭉 편 채 잠을 자고 있었답니다.

그런데 어디선가 요란한 소리와 함께 달려오는 동물이 있었어요. 바로 당나귀였어요. 당나귀가 내는 큰 소리에 사자는 그만 잠에서 깨고 말았어요.

"아니, 감히 날 깨우다니! 넌 뭐야?"

"사자님, 제가 지나갈 수 있게 제발 길을 비켜 주세요!"

하지만 사자는 한 발자국도 움직이지 않고 다시 자기 시작했어요. 당나귀는 그만 사자의 발에 걸려 넘어지고 말았어요.

"아이고!"

"이런 정신없는 당나귀 같으니라고! 도대체 어딜 가기에 이 사자님을 깨우는 거냐!"

"사자님, 용서해 주세요. 저는 지금 무서운 인간을 피해서 도망치는 중이랍니다."

"아니, 왜 도망을 친다는 거냐?"

"인간은 제 등에 무거운 안장을 얹고 입에 재갈을 물려요. 그리고 엄청나게 무거운 짐을 나르도록 하지요. 그러다가 제가 죽으면 그냥 길바닥에 버린답니다. 저는 그게 싫어서 인간들을 피해 도망가는 중이에요."

사자는 당나귀가 불쌍해졌어요. 인간이 나타나면 단단히 혼내 주기로 마음을 먹었어요. 그런데 이번에는 말 한 마리가 달려오는 게 아니겠어요? 사자는 말에게 물었어요.

"너는 또 어딜 그리 급하게 가는 거냐?"

"저는 지금 무서운 인간에게서 도망치는 길
입니다."

"뭐야? 너도?"

"예, 사자님! 인간은 제 발에 무거운 쇠붙이를 달고
제 등에 올라타서는 몽둥이로 마구 때립니다. 그러면 저
는 지쳐서 쓰러질 때까지 앞만 보고 달려야 해요. 그러다가 제
가 늙어서 힘이 없어지면 밤낮으로 커다란 맷돌을 돌리게 하지
요. 저는 죽어서야 편하게 쉴 수가 있답니다."

말이 눈물을 흘리며 이야기를 했어요. 사자는 인간이 더욱 미워졌어요.
그래서 인간을 혼내 주기로 굳게 마음을 먹고 아예 길을 나섰어요.

얼마 가지 않아 사자는 길에서 수레를 밀고 가는 한 노인을 만났어요.
노인의 손에는 톱과 망치가 들려 있었어요. 또 수레에는 커다란 나무판
자가 실려 있었어요. 사자가 물었어요.

"나는 동물의 왕 사자다. 지금 나는 인간들을 혼내 주기 위해 가는 중
이다. 너는 어딜 급히 가는 거냐?"

"아이고, 사자님! 저는 목수인데 늑대들에게 살 집을 지어 주기 위해 가는 중입니다."

"뭐야? 왜 늑대들의 집을 지어 주는 거지?"

"집을 지어 주지 않으면 저를 가만두지 않겠다고 겁을 줬거든요."

"그렇다면 내 집부터 먼저 지어 주고 가거라."

그러나 노인은 고개를 절레절레 흔들며 말했어요.

"하지만 사자님, 늦으면 늑대들이 저를 그냥 두지 않을 텐데요."

"내 집을 먼저 지어! 늑대들은 내가 혼내 줄 테니!"

노인은 할 수 없이 나무판자로 사자의 집을 짓기 시작했어요. 그러고는 얼마 안 돼 작은 상자 하나를 만들었어요.

"자, 사자님의 집이 완성됐습니다. 들어가 보세요."

사자는 노인의 말을 듣고 상자 안으로 들어가 보았어요. 그런데 작은 상자 안은 너무 비좁아서 몸을 제대로 움직일 수 없었어요. 사자가 소리 쳤어요.

"이제 그만 나가야겠다!"

"안 됩니다. 마지막으로 문을 만들어
야 하니 조금만 더 계세요."

노인은 말을 마치고 문을
만드는 대신 나무판
자로 상자를 완전히
막아 버렸어요. 사자는 목수에게 버럭 소리를 질렀어요.

"이제 나가야겠으니 문을 열어라!"

노인이 사자를 비웃으면서 말했어요.

"이 미련한 사자야! 네가 지금 들어가 있는 상자는 너를 잡기 위해 만
든 함정이다. 너는 집과 함정도 구별하지 못하는 머리로 어떻게 인간
을 혼내겠다는 거냐?"

사자는 결국 비좁은 상자 안에서 오도 가도 못하는 신세가 되고 말았
답니다.

아가야, 커다란 사자는 당나귀와 말을 어떻게 생각했니? 인간을 피해 도망 온 것을 알고 불쌍하게 여겼지. 그러고는 인간을 혼내 주려고 용기백배해서 길을 나섰어. 그런데 어떻게 되었니?

아가야, 나무 상자에 갇힌 커다란 사자를 상상해 보렴. 조그마한 상자에서 꼼짝도 못하고 있는 모습을 말이야. 왜 상자에 들어가라는 건지 생각해 봤어야 하지 않을까? 한 번만 깊이 생각했어도 함정에 빠지는 어리석은 일은 없었을 텐데 말이야.

모험의 세계에서는 이런 어리석은 용기보다는 지혜로운 용기가 필요하단다. 모험을 할 때는 즐겁고 신나는 일도 많지만 갑작스럽게 위험한 상황에 빠질 수가 있거든. 그럴 때 얼마나 침착하고 지혜로운지에 따라서 상황이 달라진단다.

우리 아가도 나중에 자라면 용기를 내기 전에 반드시 한번 생각해 보렴. 어떻게 해야 할지 말이야. 그러면 사자처럼 나무 상자에 갇히는 불행한 일은 당하지 않을 거야.

제7장

대화를 끌어내는 이야기

7개월 엄마와 교감하는 시기

　임신 7개월째가 되면 태아는 키가 35㎝까지 자라고 체중은 약 1kg까지 늘어납니다. 지방의 분비가 많아져 피부가 통통해지고, 눈꺼풀이 생기며, 눈동자를 움직이기도 합니다. 폐는 아직 더 발달해야 하지만 스스로 숨을 쉴 수 있을 정도가 됩니다. 척추도 제법 튼튼해져서 몸을 잘 지탱할 수 있게 됩니다.

　이러한 성장과 변화는 비단 외형적인 것뿐만이 아닙니다. 밤과 낮을 구별할 수 있을 정도로 인지능력이 발달하고, 뇌 기능도 보다 복잡해집니다. 먹는 연습을 하기 시작하는 것도 이때부터입니다. 입으로 손가락을 빨기도 하고, 양수를 마시기도 합니다. 이리저리 얼굴을 돌리면서 엄마의 젖꼭지를 찾는 연습도 합니다.

　또한 엄마의 배가 커지고 복벽이 얇아지면서 태아는 전보다 훨씬 많은 소리를 들을 수 있으며, 엄마와의 대화도 가능해집니다. 엄마의 말소리를 들으면 아기의 심장박동이 빨라진다는 연구 결과도 있습니다.

　엄마의 목소리를 듣기 좋아하는 이 시기에 재미있는 옛날이야기와 동화를 통해 남과 더불어 살아가는 행복을 알려 주세요. 누군가를 돕고 도움을 받으며 살아가는 아름다운 세상에 대해 이야기해 주다 보면 아기는 베풀 줄 아는 착한 마음을 가진 사람으로 성장할 것입니다.

자연의 생명력을 손끝으로 느끼는 토피어리태교

토피어리(topiary)는 자연 상태의 식물을 여러 가지 형태로 다듬어 보기 좋게 만든 작품입니다. 화원에 가면 식물로 만든 곰, 사슴 등 다양한 형태의 장식을 본 적이 있을 것입니다. 그것이 바로 토피어리입니다. 토피어리는 기본적으로 철사를 이용해 뼈대를 만든 후 그 위에 풀을 심거나 수태를 씌워서 완성합니다. 자연소재를 이용하였기 때문에 심신 안정, 공기 정화의 효과를 얻을 수 있지요. 그뿐만 아니라 임신부에게 배움의 즐거움도 줍니다.

■ 실천법

잠자는 두뇌를 깨워라

우리는 평생 동안 뇌를 사용해도 약 5% 정도밖에 활용하지 못한다고 합니다. 하지만 손을 많이 쓰는 토피어리태교는 임신부의 손바닥 신경을 자극해 태아의 두뇌 운동을 활성화시킵니다. 또한 작품을 만드는 과정에서 다양한 형태와 크기로 디자인 변형이 가능하기 때문에 창의성을 높이는 데도 효과적입니다.

심신을 건강하게 하는 자연 가습기

토피어리는 방 안의 습도를 조절하여 천연 가습기의 역할을 합니다. 자연항균 작용이 있어 임신부의 기관지에도 좋습니다. 또한 심리적 안정에도 효과가 있습니다. 작업에 열중하는 동안 임신으로 인한 스트레스나 불안감을 해소시켜 주며, 나아가 우울증 예방과 치료에도 좋습니다.

두반박사의 책

옛날 옛날, 한 나라에 왕이 살고 있었어요. 어느 날 왕은 심한 피부병에 걸렸어요. 유명한 의사들이 병을 고치려고 노력했지만 좀처럼 낫지 않았어요.

그때 두반 박사가 왕을 찾아왔어요. 두반 박사는 못 고치는 병이 없는 의사였어요. 두반 박사가 왕에게 말했어요.

"저는 어떤 약도 쓰지 않고 임금님의 병을 고칠 수 있습니다."

"정말로 약을 쓰지 않고 내 병을 고칠 수 있다고?"

"예, 내일 아침에 정원으로 나오십시오."

다음 날 왕은 일찍 일어나 정원으로 갔어요. 그곳에는 두반 박사가 공 하나를 들고 서 있었어요.

"임금님, 제가 던지는 공을 받으세요."

왕은 박사가 시키는 대로 공을 받았어요. 사실 그 공에는 왕의 병을 낫게 하는 약이 발라져 있었답니다. 공을 받은 왕의 몸속으로 약이 스며들었어요.

"임금님, 이제 돌아가서 목욕을 하십시오."

왕은 왕궁으로 돌아가서 목욕을 했어요. 그러자 정말로 피부병이 싹 나았어요. 왕은 매우 기뻐하며 두반 박사에게 큰 상을 주었어요. 이후로 왕은 두반 박사를 아꼈고 서로 친하게 지냈답니다.

그런데 두반 박사가 왕의 사랑을 받자 질투하는 신하들이 생겼어요.

"혼자 임금님의 사랑을 독차지하네."

"혼 좀 내줘야겠다."

신하들은 두반 박사를 혼내 주기 위해 나쁜 계획을 꾸미기 시작했어요. 신하들은 왕에게 가서 말했어요.

"임금님, 두반 박사가 임금님을 해치려 한

다는 소문이 있습니다."

"뭐라고? 그럴 리가 없다. 두반 박사는 내 생명의 은인이야."

"임금님, 두반 박사는 약도 쓰지 않고 임금님의 병을 고쳤습니다. 그러니 또 아무도 모르게 임금님을 해칠 수도 있습니다. 그전에 두반 박사를 쫓아내야 합니다."

왕은 처음에는 신하들의 말을 믿지 않았지만 점점 마음이 흔들렸어요. 그래서 병사들을 시켜 두반 박사를 잡아 오라고 했어요.

왕 앞에 끌려온 두반 박사는 흐느끼면서 말했어요.

"임금님, 저는 잘못한 게 없습니다."

"네가 나를 해치려 한다는 소문이 있다. 그러니 너를 나라 밖으로 쫓아 버려야겠다."

"제가 임금님을 해치다니요? 말도 안 되는 소문입니다!"

"아니다! 너는 신비한 능력을 가졌으니 나를 쉽게 해칠 수 있을 것이다."

그러자 두반 박사는 고개를 떨어뜨리며 힘없이 말했어요.

"임금님, 그렇다면 쫓겨나기 전에 소원이 하나 있습니다."

"소원이 무엇이냐?"

"제가 아는 모든 치료법을 책으로 쓰는 중입니다. 그 책을 임금님께 바치겠습니다. 제가 떠나고 나면 읽어 주십시오."

"좋다. 네 소원대로 책을 읽어 주겠다."

두반 박사는 책 한 권을 왕에게 주고 그 나라를 떠났어요. 두반 박사가 떠나자 임금님은 책을 펼쳤어요. 그런데 책장이 잘 넘어가지 않았어요.

왕은 손가락에 침을 묻혀 책장을 넘겼어요. 그 순간 왕의 얼굴이 창백해졌어요. 그리고는 온몸을 떨며 괴로워했어요.

"임금님! 왜 그러세요!"

"아니, 임금님 얼굴이……!"

사람들은 놀라서 소리를 질렀어요. 임금님에게 다시 피부병이 생긴 거예요.

사실 두반 박사는 그 책에 독을 발라 놓았어요. 왕이 책장을 넘길 때 손가락에 묻었던 독이 침 속에 섞여 들어간 거예요. 임금님은 두반 박사를 쫓아낸 것을 후회했어요. 하지만 이미 늦었답니다.

 아기를 위한 1000가지 느낌의 대화

아가야, 두반 박사가 왕의 병을 고쳐 줄 때는 감탄했다가, 자기를 믿어 주지 않는 왕을 혼내 줄 때는 통쾌했지?

두반 박사는 정말 능력이 뛰어나지만 꾀도 많은 사람이구나! 아무도 고치지 못하는 병도 쉽사리 고쳐 주고, 도움을 받고도 은혜를 모르는 왕을 혼내 주기도 했잖아?

두반 박사 같은 의사가 세상에 많으면 좋지 않을까? 그러면 몸에 생긴 병뿐만이 아니라 마음의 병까지 고쳐 줄 수 있을 것 같구나. 그렇지만 나쁜 마음을 먹으면 병이 다시 생기는 거야. 나쁜 마음을 버리지 않으면 병을 고칠 수 없는 거지. 사람들은 병에 걸리지 않기 위해서 착한 마음을 가지고 살게 될 거야.

그러면 어떤 세상이 될까? 착한 사람들만 사는 건강하고 아름다운 세상이 되겠지? 엄마 아빠는 우리 아가가 그런 세상에서 살 수 있었으면 좋겠구나.

버릇없는 젊은이를 용서한 왕

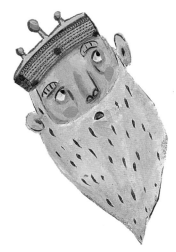

옛날에 마르완이라는 이름의 지혜로운 왕이 있었어요.

어느 날 마르완 왕은 부하들을 데리고 사냥을 하러 갔어요. 사냥터에는 마침 사슴 한 마리가 있었어요.

"저 사슴을 쫓아라!"

왕과 부하들은 사슴을 뒤쫓기 시작했어요. 사슴은 껑충껑충 뛰면서 도망쳤어요. 그때 마침 사슴이 양을 치는 목동 옆을 지나가게 되었어요.

마르완 왕은 목동에게 소리쳤어요.

"이봐, 목동! 나는 이 나라의 왕이다. 당장 저 사슴을 잡아라!"

그러나 목동은 조금도 움직이지 않았어요. 오히려 왕에게 말했어요.

"자기가 할 일을 남에게 부탁할 때는 그렇게 명령하는 게 아닙니다."

그 말을 들은 부하들은 모두 깜짝 놀랐어요. 왕에게 그런 식으로 말하는 사람은 아무도 없었으니까요. 왕도 화가 나서 목동에게 소리쳤어요.

"뭐라고? 감히 왕한테 명령을 하지 말라고?"
"부탁을 할 때는 정중하게 해야지요. 당신은 이름만 왕인가 보군요."

목동의 말이 끝나기도 전에 부하들이 목동을 밧줄로 꽁꽁 묶어 버렸어요. 왕에게 너무 함부로 말했기 때문이에요.

"임금님, 이 목동은 반드시 큰 벌을 주어야 합니다."

부하들이 왕에게 말했어요.

　부하들은 목동을 혼내 주기 위해 큰 광장으로 데려갔어요. 그런데 광장에 끌려가서도 목동은 왕에게 인사도 하지 않았어요. 신하들이 화를 내도 소용이 없었어요. 왕이 목동에게 말했어요.

"이제 더 이상 못 참겠구나. 큰 벌을 내려야겠다. 마지막으로 하고 싶은 말이 있으면 해라."

그제서야 목동은 자신이 무슨 잘못을 했는지 깨달았어요. 벌 받는 게 무서웠던 목동은 손을 번쩍 들고 말했어요.

"임금님, 지금 생각나는 이야기가 있습니다."

"그게 뭐냐?"

"어느 날 독수리 한 마리가 자신의 앞을 지
나가던 참새를 덥석 물었습니다. 참새는
엉엉 울면서 독수리에게 이렇게 말했어
요. '나는 너무나 작고 약해서 독수리님
이 드셔도 배가 부르지 않을 거예요.'

라고요. 이 말을 들은 독수리는 약한 참새를 놓아주었다고 합니다."

이 이야기를 들은 왕은 잠시 생각에 잠겼어요. 그리고 미소를 지으며 말했어요.

"너의 행동은 벌을 받아 마땅하다. 하지만 나는 너를 용서하겠다. 여 봐라, 저 목동을 당장 풀어 주어라."

왕의 말에 사람들은 깜짝 놀랐어요. 그리고 목동도 놀랐어요. 자신이 잘못했다는 것을 알고 있었으니까요. 큰 벌을 받을 줄 알았던 목동은 왕 의 넓은 마음에 감동을 받았어요. 그래서 큰절을 올렸어요.

"정말 죄송합니다. 임금님, 잘못했어요."

목동은 진심으로 고개 숙여 왕에게 사과를 했어요.
그후로 목동은 왕을 존경하게 되었답니다. 그래서 가끔 왕궁을 찾아 백성들이 사는 이야기를 왕에게 전해 주었어요. 둘은 절친한 친구가 되 었어요.

사랑하는 아가야, 왕은 정말 넓은 마음을 가졌구나. 누구나 자신에게 예의 없이 행동하는 사람을 용서하기란 쉽지 않단다. 하물며 한 나라를 다스리는 왕에게 그런 짓을 했다면 더더욱 그렇지.

하지만 목동을 용서해 준 왕은 정말 대단하구나. 이야기를 듣고 참새처럼 힘없는 처지의 목동을 단번에 풀어 주다니. 왕은 독수리처럼 멋진 일을 했구나.

용서란 다른 사람의 잘못을 꾸짖거나 벌하는 대신, 이해하고 받아들이는 거란 다. 쉽지 않은 일이지만 결국 상대방과 나에게 모두 좋은 일이야. 만약 왕이 화를 참지 못하고 목동에게 벌을 내렸다면, 왕은 좋은 친구를 한 명 잃었겠지?

참을 수 없이 화가 나는 일이 생긴다면 상대방의 입장이 되어서 생각해 보렴. 엄마 아빠는 우리 아가가 너그럽게 용서할 줄 아는 사람으로 자라기를 바란단다.

제8장

몸이 반응하는 재미있는 이야기

8개월 근육·신경조직 완성기

임신 8개월 무렵이 되면 태아는 키가 40㎝ 정도, 몸무게는 1.5kg 정도까지 자랍니다. 몸집이 커진 만큼 좁아진 공간 때문에 태아는 잘 움직일 수 없게 되지만, 엄마는 오히려 아기의 움직임을 강하게 느끼게 됩니다.

또한 피하지방이 늘어 통통해진 아기는 주름이 거의 없어지고 피부도 매끄러워집니다. 시력도 거의 완성되어 빛에 강하게 반응하며 눈을 깜빡이고, 초점을 맞추는 연습을 합니다. 청력 역시 음의 높낮이를 구분할 수 있을 정도로 발달해 커다란 소리에 민감하게 반응합니다. 뇌의 발육도 엄마가 기쁜지 슬픈지 감정변화를 알아차릴 정도가 되고, 폐를 부풀리고 숨을 쉬는 연습을 하는 등 세상에 나올 채비를 합니다.

특히 골격이 완성되고 근육이 발달하며 신경조직이 활발해지는 것이 이 시기의 특징입니다. 이제 엄마의 뱃속에서 나와 독립적으로 생존할 준비에 분주한 아기에게 꾀부리고 요행을 바라는 나쁜 습관은 결국 자기 스스로에게 좋지 않다는 것을 재미있는 동화를 통해 자연스럽게 알게끔 해 주세요.

'천재는 1%의 영감과 99%의 노력으로 이루어진다.'는 말이 있습니다. 아무리 머리가 좋고 똑똑한 아이라도 노력이라는 덕목을 갖추지 못한다면 소용이 없다는 의미이지요. 엄마 아빠의 부드러운 목소리로 타고난 능력만큼이나 노력과 성실함이 중요하다는 것을 이야기해 주세요.

태아의 오감을 깨우는 컬러테라피태교

임신 후기에 접어들면 태아는 명암을 구분할 수 있을 만큼 시력이 발달합니다. 이 시기에 할 수 있는 태교가 바로 컬러테라피태교입니다. 물론 아기가 직접적으로 색깔을 구분할 수 있는 것은 아닙니다. 그러나 태아는 엄마가 본 색깔을 눈이 아닌 뇌를 통해 느낄 수 있습니다. 그러므로 임신부는 다양한 색을 보고 느낀 좋은 감정과 감각을 아기에게 전달할 수 있습니다.

■ 실천법

마음을 편안하게 해 주는 녹색

숲 속을 걸을 때 사람들이 심신의 편안함을 느끼는 이유 중 하나가 바로 자연의 녹색 때문입니다. 녹색은 눈의 피로를 덜어 주고 마음의 안정을 가져다줍니다.

태아의 성장에 좋은 보라색

보라색은 태아의 성장과 발달에 도움을 줍니다. 세포의 재생과 정화 효과가 있기 때문입니다. 또한 식욕을 억제하는 효과가 있어서 임신부의 비만 방지에 도움이 되며, 신진대사를 원활하게 하는 데도 좋습니다.

병아리 같은 아기를 상상한다면 노란색

유치원복이 보통 노란색인 이유는 아이들의 발랄함과 천진난만함을 가장 잘 표현할 수 있는 색이기 때문입니다. 태어날 아기의 옷이나 소품을 만들고 있다면 포인트 컬러로 노란색을 사용해 보세요. 노란색은 기분을 명랑하게 하고 피로를 풀어 주는 데도 효과적입니다.

알리의 꿈

한 마을에 알리라는 이름의 게으름뱅이가 살고 있었어요. 알리는 매일 빈둥거리며 놀기만 했어요. 돈이 없어서 배가 고파도 여전히 일을 하지 않았어요.

그런데 이게 웬일일까요? 알리의 친척이 알리에게 많은 돈을 물려준 거예요. 알리는 태어나서 처음으로 큰돈을 갖게 되어 너무 기뻤어요.

"우와, 이 돈으로 무엇을 하면 좋을까?"

알리는 돈을 어디에 쓸지 생각했어요.

"그래, 장사를 해서 돈을 더 많이 벌어야지!"

당시에는 유리로 만든 물건이 매우 귀해서 값이 비쌌어요. 그래서 알리는 시장에 가서 유리접시와 유리컵 등을 샀어요. 그리고 사람이 많이 다니는 거리에 앉아 장사를 시작했어요.

"자, 이제 가만히 앉아서 손님을 기다리자!"

그런데 한참이 지나도 손님이 오지 않았어요. 알리는 그대로 자리에 누워 버렸어요. 그러고는 즐거운 상상을 했어요.

"이제 곧 손님들이 몰려오겠지. 그러면 이 물건들을 두 배의 값을 받고 팔 거야. 그리고 그 돈으로 다시 물건을 사고, 다시 두 배의 값으로 팔고…… 우와, 금방 부자가 되겠는걸?"

그때 누군가가 물었어요.

"이 접시 얼마예요?"

알리는 **벌떡** 일어났어요. 접시 값을 묻는 여인은 매우 가난해 보였어요.

"전부 합해서 200냥입니다."
"한 개는 팔지 않나요?"
"에이, 귀찮아! 하나는 안 팔아요!"

알리는 여인을 그냥 쫓아 버렸어요. 그러고는 다시 상상에 빠졌어요.

"그래, 이 물건들을 팔아서 번 돈으로 보석을 사는 거야! 보석을 많이 모아야지! 그러면 나는 나라에서 제일가는 부자가 되겠지?"

알리는 **휘파람**까지 불며 즐거워했어요.

"부자가 되면 먼저 커다란 집을 사야지. 매일매일 맛있는 음식을 실컷 먹을 거야. 생각만 해도 행복한걸!'

하지만 여인이 가고 난 후에도 손님은 단 한 명도 오지 않았어요. 그래도 알리는 계속 상상 속에 빠져 있었어요.

"그리고 아름다운 여인과 결혼을 할 거야. 나를 꼭 닮은 예쁜 아기들도 세 명 정도 낳아야지. 와, 신난다!'

상상 때문에 행복해진 알리는 그만 유리 화병을 잘못 건드렸어요. 그러자 화병이 접시 위로 넘어졌고, 또다시 접시가 유리컵 위로 와ㄹㄹ 쏟아지고 말았어요!

깜짝 놀란 알리가 일어났을 때는 물건들이 모두 깨어져 버린 뒤였어요.

"세상에 이럴 수가! 이를 어쩌면 좋지?'

물론 알리가 꾸던 꿈과 행복한 상상도 유리그릇들과 함께 사라지고 말았지요.

아가야, 상상이라는 것은 참 달콤한 것이란다. 상상 속에서는 무엇이든지 할 수 있어. 날개를 달고 하늘을 날 수도 있고, 무시무시한 괴물과 싸워서 이기는 용사가 되어도 보고, 또 무엇이든지 발명하는 과학자가 될 수도 있어. 인기 많은 가수가 될 수도 있지. 또 알리처럼 부자가 되어 엄청난 돈을 가질 수도 있단다.

상상하는 것은 나쁜 게 아니란다. 나쁜 상황에 있을 때 좋은 상상을 하며 힘을 얻을 수도 있거든. 그리고 실제로 그 꿈을 이루어 성공한 사람도 있단다. 하지만 알리처럼 아무것도 하지 않으면서 상상만 하는 것은 옳지 않아. 알리는 엄청난 돈을 벌고 싶어만 했지 정작 손님이 왔을 때는 쫓아 버리고 말았어.

아가야, 노력이 따르지 않는 상상은 헛된 꿈일 뿐이란다. 노력이라는 열쇠를 꼭 쥐고 있으면 상상도 현실이 될 수 있단다.

소와 나귀

한 마을에 동물의 말을 알아듣는 신기한 남자가 있었어요. 그 남자는 커다란 농장을 가지고 있었어요. 그 농장에는 소, 말, 돼지, 나귀 등 많은 동물들이 살고 있었답니다.

소는 매일매일 땀을 흘리며 열심히 일했어요. 하지만 나귀는 빈둥빈둥 놀면서 음식만 먹었지요. 사람들이 일을 하라고 해도 꾀만 부렸어요. 어느 날 남자는 우연히 소와 나귀가 하는 이야기를 듣게 되었어요.

"에구구, 온몸이 쑤시고 아프다. 아이고, 허리야!"

소가 끙끙거리며 말했어요. 그러자 옆에 있
던 나귀가 물었어요.

"왜 그렇게 아프니?"
"하루 종일 일을 하니까 힘들어서 그러지."
"왜 그렇게 힘들게 일하는 거야? 나처럼 안 하면 되잖아."
"그럴 수는 없지. 그런데 더 속상한 건 내가 아무리 열심히 일해도 사
람들이 고마워하지 않는다는 거야. 매일 맛없는 풀만 주잖아."

소는 깊은 한숨을 내쉬었어요. 그리고 다시 말을 이었어요.

"너는 온종일 놀기만 하는데도 사람들한테서 맛있는 음식을 얻어먹
는데 말이야. 참 불공평해."

소는 너무 슬퍼졌어요. 그때 나귀가 소에게 말했어요.

"소야, 내가 시키는 대로만 해 봐. 그러면 나처럼 편한 생활을 할 수

135

있을 거야."

"어떻게 하면 되는데?"

"아침마다 사람들이 너를 밭으로 데려가지? 그러면 자리에 주저앉아
버려."

"그럼 일꾼들이 나를 때릴 텐데?"

"그러면 완전히 누워 버려. 아마 너를 외양간으로 데려가서 맛있는

음식을 줄 거야."

음식 이야기가 나오자 소는 너무 좋아서 웃음이 나왔어요.

"정말? 맛있는 음식을 준다고?"

소의 웃는 얼굴을 보며 나귀가 한숨을 쉬며 말했어요.

"이 바보야, 절대 그 음식을 먹으면 안 돼. 네가 그 음식을 먹지 않아
야 진짜 병이 났다고 믿는단 말이야."
"그렇구나. 고마워, 나귀야."

다음 날 소는 나귀가 하라는 대로 밭에 나가다가 주저앉았어요. 일꾼
들이 때려도 꿈쩍하지 않았어요. 그러자 사람들이 말했어요.

"그동안 너무 심하게 일을 시켰더니 병이 났나봐. 쉬게 해 줘야겠어."

외양간에 돌아온 소에게 사람들이 맛있는 음식을 가져다주었어요. 소
는 너무 먹고 싶었지만 꾹 참았답니다. 그러자 일꾼들이 농장 주인인 남

137

자를 불러왔어요.

　소와 나귀의 대화를 모두 들었던 주인은 소를 보며 빙그레 웃었어요.
그러고는 말했어요.

　"소가 병이 났구나. 며칠 동안 푹 쉬게 하는 게 좋겠어. 그동안 밭은
누가 갈지?……그래! 나귀한테 맡기면 되겠구나!"

　나귀는 주인의 말에 깜짝 놀랐어요.

"이봐, 나귀를 데려다가 소 대신 일을 시켜!"

일꾼들은 나귀를 끌고 밭으로 나갔어요. 그리고 온종일 일을 시켰어요. 밤이 되어서야 나귀는 외양간으로 돌아왔어요. 주인이 나귀를 보고 말했어요.

"나귀야, 앞으로는 매일 일해야 해. 그동안 꾀를 많이 부렸지?"

나귀는 부지런한 소를 부추겨 꾀부리게 한 것을 후회했답니다.

 아기를 위한 1000가지 느낌의 대화

사랑하는 아가야, 소처럼 열심히 일하고 노력하며 사는 게 좋을까? 아니면 나귀처럼 편하게 사는 게 좋을까?
어쩌면 소처럼 열심히 일하는 것이 어리석어 보일 수도 있어. 그리고 편하게 사는 나귀가 좋아 보일 수도 있지. 하지만 그런 생각은 결코 옳지 않단다. 나귀처럼 꾀를 부리면 언젠가는 그 대가를 자신이 치르게 되기 때문이야. 하지만 열심히 일하는 사람은 비록 힘들어도 반드시 노력을 인정받게 되는 법이란다. "정말 성실하고 착하구나."라고 말이야.
우리 아가도 앞으로 공부나 일이 하기 싫어 꾀를 부리고 싶을 때가 가끔 있을 거야. 그럴 때는 엄마 아빠가 지금 들려준 이야기를 기억하렴. 그러면 다시 한 번 힘을 낼 수 있을 거야.

제9장

세상을 배우게 해 주는 이야기

9개월 성장 발육 완성기

임신 9개월째에 이르면 태아는 외적인 성장을 거의 마치게 됩니다. 키는 45㎝ 정도, 체중은 약 2.5㎏에 이릅니다. 겉으로 보기에 신생아와 별다른 것 없는 모습입니다. 질병에 대항할 수 있도록 면역계도 발달합니다. 지금 태어난다고 해도 대부분 생존이 가능해집니다.

피부는 점점 분홍색으로 변하고 통통하게 살이 오릅니다. 태아는 많이 성장한만큼 예전처럼 자유롭게 움직이지 못하며, 머리를 아래쪽으로 향한 채 고정된 자세를 유지하고 있습니다. 하지만 태동은 더욱 강하고 확실해집니다. 엄마는 아기의 손발이 계속해서 움직이는 것을 느낄 수 있습니다.

이제 세상에 나올 준비를 거의 마친 아기에게 앞으로 세상을 살아가면서 반드시 필요한 사람 사이의 믿음과 신뢰에 대해 이야기해 주세요.

거짓말을 하지 않고 항상 정직해야 하는 이유를 재미있는 동화를 통해 자연스럽게 알게 해 주세요. 믿음과 신뢰를 주는 아이로 자라날 것입니다.

미적 감각과 색감을 키워 주는 미술태교

임신 9개월이 되면 태아는 시각, 촉각, 미각, 청각, 후각 등의 오감을 모두 느낄 수 있습니다. 미술태교는 태아에게 색감과 미적 감각을 자연스럽게 키워 주고 정서 발달에 효과적인 태교법입니다. 특히 세월이 흘러도 변함없는 역사적 가치와 뛰어난 작품성을 보유한 명화를 많이 보고 느끼는 것이 좋습니다.

■ 미술태교에 좋은 명화

렘브란트 〈유태인 신부〉
다정한 부부의 초상에서 서로에 대한 헌신과 신뢰의 깊이를 느낄 수 있습니다.

드가 〈발레 수업〉
연습을 따분해하는 무용수, 화를 내는 선생님 등 연출하지 않은 자연스러운 표정이 재미있습니다.

밀레 〈만종〉
자연에 순응하며 사는 사람들의 소박한 모습이 평화로움을 자아냅니다.

고갱 〈해변의 기수들〉
푸른 바다와 연분홍빛 해변이 생동감과 시원함을 화면 가득 전해 줍니다.

거짓말쟁이 브하이트

옛날에 브하이트라는 청년이 있었어요. 그는 어느 부잣집의 하인이었어요. 브하이트는 매우 성실해서 일을 잘 했답니다.

하지만 그에게는 딱 한 가지 아주 나쁜 버릇이 있었어요. 바로 일 년에 한 번은 꼭 엉뚱한 거짓말을 하는 거예요. 부잣집 주인은 브하이트의 거짓말에 몇 번이나 속았어요. 그래서 더 이상 참을 수가 없었어요.

"이런 거짓말쟁이 같으니! 당장 나가 버려!"

결국 주인은 브하이트를 내쫓았어요. 할 수 없이 브하이트는 다른 집의 하인으로 들어갔어요.

새로 가게 된 집 주인은 착한 사람이었어요. 주인은 성실하게 일하는 브하이트가 마음에 들었어요. 브하이트도 착한 주인을 위해 더욱 열심히 일했답니다.

그러던 어느 날 주인이 별장에서 잔치를 벌였어요. 잔치에는 많은 사람들이 모였답니다. 주인은 사람들에게 얼마 전에 산 예쁜 꽃병을 자랑하고 싶어졌어요.

"애, 브하이트야! 얼른 집에 가서 꽃병을 좀 가져다주렴."
"네, 주인님!"

브하이트는 열심히 달려서 집에 도착했어요. 그런데 브하이트는 갑자기 거짓말이 너무 하고 싶어졌어요. 그래서 집 앞마당에서 데굴데굴 구르며 소리를 지르기 시작했어요.

"마님, 큰일 났습니다요!"

브하이트가 외치는 소리에 주인의 아내와 딸들이 마당으로 뛰어나왔

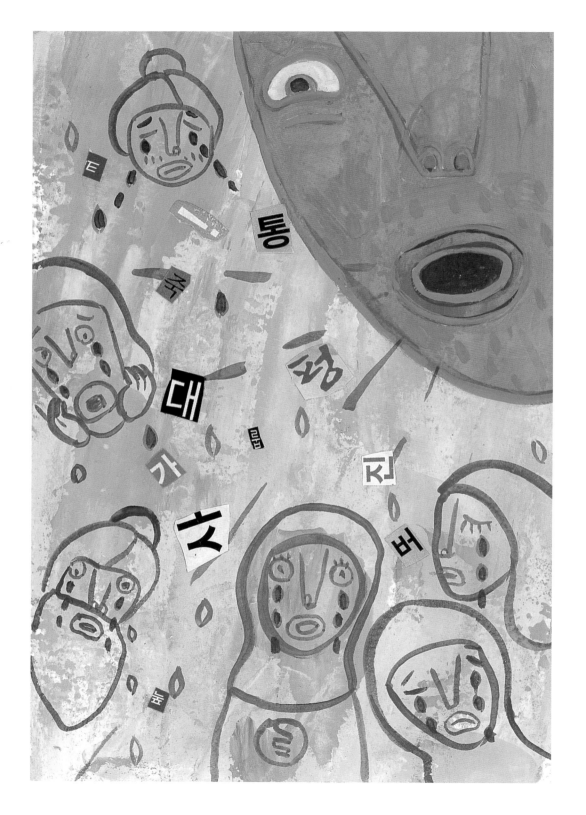

어요.

"브하이트! 무슨 일이냐!"

"마님, 별장이 무너지는 바람에 주인님이 그만……."

"어떻게 되셨는데? 빨리 말해 보거라!"

"벽돌에 깔려서 돌아가시고 말았습니다. 엉엉엉……."

브하이트의 거짓말에 주인의 아내는 주저앉아 울기 시작했어요. 딸들도 엉엉 울었어요.

얼마 후 아내와 딸들은 정신을 차리고 브하이트와 함께 별장으로 향했어요. 이웃 사람들도 걱정이 되어 뒤를 따라갔어요. 마침내 별장 앞에 이르렀어요.

"제가 먼저 들어갔다 오겠습니다."

브하이트가 먼저 별장 안으로 들어갔어요. 그러고는 주인에게 가서 다시 거짓말을 했어요.

"주인님, 집이 무너져서 마님과 따님들이 모두 돌아가셨습니다. 엉엉

147

엉!"

브하이트의 말에 주인은 그 자리에 주저앉아 울기 시작했어요. 사람들도 모두 깜짝 놀랐어요. 잠시 후에 주인은 브하이트를 데리고 별장을 나섰어요. 그런데 문 밖에서 아내와 딸들이 엉엉 울고 있는 게 아니겠어요?

"아니, 당신 죽은 줄 알았는데 어떻게 된 거예요?"
"무슨 소리야? 당신이 죽었다고 하던데."

서로 죽은 줄만 알았던 주인과 아내는 브하이트가 거짓말을 했다는 것을 알게 되었어요. 사람들은 모두 화가 났어요.

"이런 거짓말쟁이! 당장 내 집에서 나가!"

결국 주인은 브하이트를 멀리 내쫓았어요. 브하이트가 못된 거짓말쟁이라는 소문은 멀리멀리 퍼졌어요. 브하이트는 더 이상 어느 누구의 집에서도 일할 수 없게 되었답니다.

보고 싶은 아가야, 브하이트는 마치 거짓말을 참지 못하는 양치기 소년 같구나. 거짓말을 하게 되면 어떤 일들이 생길까? 생각지도 않은 큰일들이 일어날 수도 있단다. 그리고 거짓말을 한 사람은 미움을 받게 되지.

브하이트의 거짓말은 어땠니? 주인과 그 가족들을 정말 많이 놀라게 했지? 그리고 사람들을 화나게 만들었어. 슬퍼서 엉엉 울었을 사람들을 한번 상상해 보렴.

거짓말이란 사람들의 마음을 아프게 하는 나쁜 것이란다. 어떤 경우에도 거짓말을 해서는 안 되는 거야. 거짓말을 했던 브하이트는 다시는 다른 사람의 집에서 일할 수 없게 되었지. 거짓말을 하는 사람은 아무리 성실해도 인정을 받을 수 없단다.

우리 아가도 거짓말을 하지 않는 정직한 사람이 되었으면 좋겠구나.

다시 살아난 알란더스

어느 마을에 가난한 부부가 살고 있었어요. 이들 부부는 하루 종일 바느질을 해서 돈을 벌었어요.

하루는 부부가 거리를 걷고 있는데 아름다운 노랫소리가 들려왔어요. 소리가 나는 곳을 쳐다보니 키가 아주 자그마한 남자가 노래를 부르고 있었어요. 부부는 남자의 노래에 반하고 말았답니다. 남편이 그에게 말했어요.

"정말 아름다운 목소리예요."

"감사합니다."

"우리 집에 와서 노래를 불러 주지 않겠어요? 대신 맛있는 음식을 대접할게요."

"네, 좋아요."

그 남자의 이름은 알란더스였어요. 부부는 집에 돌아와 한상 가득 음식을 차려 놓고 알란더스를 맞이했어요.

"알란더스! 마음껏 드세요."

"정말 감사합니다. 그럼 맛있게 먹겠습니다."

알란더스는 허겁지겁 음식을 먹기 시작했어요. 그런데 그 모습이 너무 우스워서 아내는 갑자기 장난을 치고 싶어졌어요. 그래서 생선 한 마리를 통째로 알란더스에게 주며 말했어요.

"자, 알란더스, 이 생선을 한입에 삼켜 봐요."

알란더스는 생선을 받아서 한입에 꿀꺽 삼켰어요. 그런데 그만 생선 가시가 목에 걸려 쓰러졌어요. 부부는 쓰러진 알란더스를 보고 깜짝 놀랐어요.

"여보, 알란더스가 죽은 것 같아요. 어떡해요?"
"일단 병원에 데려갑시다."

부부는 알란더스를 의사에게 데려가기로 했어요. 하지만 자신들이 저지른 짓이 들통 날까 두려워 알란더스를 병원 문 앞에 버려두고 도망쳤어요.
잠시 뒤 의사가 문을 열자 알란더스가 계단 아래로 떼구르르 굴러 떨어졌어요. 의사는 자신이 실수로 알란더스를 해친 줄 알고 깜짝 놀랐어요.

"여보, 큰일 났어. 내가 사람을 해친 것 같아."
"네? 일단 그 사람을 옆집 뜰에 옮겨 놓아요."

두 사람은 끙끙대면서 알란더스를 옆집 뜰에 옮겨 앉혀놓았어요.
옆집에는 요리사가 살고 있었어요. 일을 마치고 퇴근하던 요리사는 뜰에서 알란더스를 발견했어요.

'도둑이구나!

알란더스를 도둑이라고 생각한 요리사는 커다란 몽둥이로 알란더스를 세게 쳤어요. 가까이 가서 보니 알란더스는 축 늘어져 꼼짝도 하지 않았어요. 요리사는 자신이 알란더스를 죽인 줄 알고 덜컥 겁이 났어요.

'어떡하지? 일단 어디에 숨겨야겠다!'

요리사는 알란더스를 시장 근처의 골목길에 감추었어요. 마침 골목을 지나던 무앗딘이라는 남자가 알란더스에게 걸려 넘어졌어요. 무앗딘은 자신을 해치려는 사람인 줄 알고 지팡이로 알란더스를 마구 때렸어요. 시끄러운 소리에 사람들이 몰려들었어요.

"아니, 무앗딘이 사람을 때려서 죽였어!"

사람들은 무앗딘을 왕에게 끌고 갔어요. 그런데 왕이 재판을 하려고 하자 여기저기서 사람들이 외쳤어요.

"잠깐 멈추세요! 무앗딘은 죄가 없어요. 알란더스를 죽인 것은 저예요."
"아니에요! 제가 죽였어요."

154

"아닙니다! 저예요!"

바로 바느질하는 부부와 의사 부부, 그리고 요
리사였어요. 그들은 눈물을 흘리면서 알란더
스를 죽인 이야기를 했어요.
그때 지혜로운 신하 한 명이 알란더
스의 얼굴을 보더니 말했어요.

"이 남자는 죽은 게 아닙니다. 기절했을 뿐이에요."

그 신하는 주먹으로 알란더스의 등을 힘껏 쳤어요. 그러자 알란더스
의 입에서 생선 가시가 튀어나왔어요! 왕은 하하하 크게 웃고는 이렇게
말했어요.

"너희들은 잘못을 했기 때문에 벌을 받아야 한다. 그러나 정직하게
말한 용기 때문에 용서해 주겠다."

왕은 그들의 죄를 용서해 주었어요. 그렇다면 알란더스는 어떻게 되
었을까요? 왕궁에서 노래하는 가수가 되었답니다.

사랑하는 아가야, 바느질하는 부부와 의사 부부, 그리고 요리사는 왜 알란더스를 도와주지 않았을까? 아마 알란더스를 죽였다는 생각에 큰 벌을 받게 될 것이 두려웠기 때문일 거야. 누군가 한 사람이라도 확인을 했더라면 알란더스가 죽지 않았다는 사실을 알 수 있었을 텐데 말이야.

그럼 왕은 왜 거짓말한 사람들을 용서해 주었을까? 마땅히 큰 벌을 내려야 하는데 말이야. 그건 바로 그 사람들이 결국에는 자신의 잘못을 뉘우치고 정직하게 사실을 이야기했기 때문이야. 벌 받을 걸 알면서도 무앗딘을 구하기 위해 용기를 낸 거지. 그리고 왕은 그 정직함 때문에 용서를 해 준 거란다.

정직은 그만큼 대단한 힘을 가지고 있어. 왕의 마음을 움직일 정도로 말이야. 엄마 아빠는 우리 아가도 언제나 진실을 말할 수 있는 정직한 사람이 되길 바란단다.

제10장

무궁무진한 상상력을 키워 주는 이야기

10개월 세상과의 첫 만남을 앞둔 시기

　임신 10개월이 되면 아기는 키가 약 50cm, 몸무게 3kg 정도까지 커지며 세상에 나올 준비를 마치게 됩니다. 신체 각 부분은 골고루 발달하여 온전한 모습을 갖추게 됩니다. 또한 출산 일주일 전부터는 코르티손이라는 호르몬이 분비되어 태아가 스스로 호흡할 수 있도록 돕습니다.

　몸을 덮고 있던 배내털은 거의 빠져 아기는 윤기가 흐르는 토실토실한 모습을 하게 됩니다. 태아는 배내털을 다른 분비물과 함께 삼키는데 이는 태변이라고 하는 노폐물로 배설됩니다. 이 태변은 태아의 장운동을 돕는 역할을 합니다. 각각의 장기와 기관도 완성되며 태반을 통해 전달 받은 면역 체계를 갖추게 됩니다. 아기가 태어나면 엄마의 모유를 통해 더욱 튼튼한 면역 능력을 갖게 될 것입니다.

　아기는 이제 좁은 자궁 안에서 엄마 아빠를 만날 날만 기다리고 있습니다.

　이런 중대한 순간에 아기에게 들려줄 수 있는 이야기에는 어떤 것이 있을까요? 곧 새로운 세상을 마주할 아기에게 커다란 꿈과 무한한 상상력을 불러일으키는 동화는 어떨까요? 높은 하늘을 날아다니고 빛나는 지혜를 발휘하며 슬기롭게 위기를 극복하는 멋진 동화를 들려주세요. 아기는 세상에 대한 기대와 두근거리는 마음으로 세상을 향한 문을 힘차게 두드릴 것입니다.

마음을 평화롭게 하는 음악태교

부드러운 선율의 편안한 음악을 들으면 엄마의 마음은 편안해집니다. 그 편안하고 안정적인 기분은 그대로 태아에게 전달됩니다. 음악은 태아의 정서적 안정뿐 아니라 두뇌 발달에도 좋습니다.

■ 음악태교의 종류

클래식태교

태교에 좋은 클래식 음악으로는 모차르트, 베토벤, 바하, 헨델 등 서양의 위대한 음악가의 연주곡이 널리 사랑 받고 있습니다. 클래식 음악은 관련 스토리를 갖고 있는 경우가 많은데, 음악을 들으며 엄마가 떠올리는 상상은 아이에게 신선한 자극이자 공부가 됩니다.

국악태교

입에서 입으로 내려오는 전래동요나 가야금, 거문고의 전통적인 음색은 무척이나 아름답습니다. 또한 국악을 들은 신생아는 정서적으로 안정된 알파파를 많이 생성하여, 신경계도 매우 안정적이라고 합니다.

동요태교

아이들도 쉽게 따라 부를 수 있는 재미있고 쉬운 음악이 바로 동요입니다. 아이들의 눈높이에 맞춘 동요는 정서적 발달과 두뇌 향상에 좋습니다. 신나고 즐거운 가사를 따라 불러보세요. 엄마의 이러한 자연스러운 행동은 아이의 언어 발달을 돕는 효과가 있습니다.

알라딘과 요술램프

어느 마을에 알라딘이라는 아이가 있었어요. 아버지는 어렸을 때 돌아가셨고 어머니와 단 둘이 살았어요. 하지만 모험심 강하고 지혜로운 아이였어요.

어느 날 한 남자가 알라딘을 찾아왔어요.

"네가 알라딘이니?"

"예, 제가 알라딘인데요."

"오, 나는 네 아빠의 친구란다."

남자는 알라딘을 꼭 껴안고 반가워했어요. 알라딘은 남자를 어머니에게로 데려갔어요.

"알라딘의 아버지는 예전에 제 목숨을 구해 준 적이 있었어요. 그 은혜를 갚기 위해 왔어요."

남자는 알라딘을 데리고 다른 나라에 가서 돈 버는 방법을 가르쳐 주고 싶다고 말했어요. 모험심이 강한 알라딘은 너무 가고 싶었어요. 어머니는 걱정이 되었지만 허락해 주었어요.

다음 날 알라딘은 남자와 함께 길을 떠났어요. 모래밖에 없는 사막에 도착하자 갑자기 남자가 멈춰서 이상한 주문을 외웠어요. 그러자 땅이 꺼지면서 사막에 커다란 구멍이 생겼어요.

"사실 나는 마법사란다. 이 구멍을 내려가면 온갖 보물이 있지. 그런데 구멍이 좁아서 어른은 들어갈 수 없단다. 네가 들어가 주겠니? 그러면 보물을 나누어 주마!"

보물을 가져가면 엄마와 행복하게 살 수 있을 거란 생각에 알라딘은 용기를 냈어요.

"네, 다녀올게요."

"동굴 끝까지 가면 램프가 하나 있을 거야. 보물은 두고 일단 그것만 가지고 나와."

알라딘은 밧줄을 타고 어두운 구멍 속으로 내려갔어요. 그 안에는 온 갖 보물이 가득했어요. 하지만 마법사의 말대로 램프를 먼저 찾아냈 어요.

"램프를 찾았어요! 밧줄을 내려 주세요!"

그런데 마법사의 태도가 갑자기 변했어요.

"램프를 먼저 내놔! 그러면 널 꺼내 줄게!"
"저를 먼저 꺼내 주세요. 그러면 램프를 드릴게요."

그러자 마법사가 무서운 목소리로 화를 냈어요.

"램프를 먼저 내놔!"
"싫어요! 저를 먼저 꺼내 주세요!"

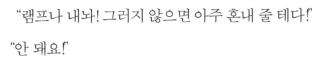

"램프나 내놔! 그러지 않으면 아주 혼내 줄 테다!"

"안 돼요!"

"그래? 그렇다면 램프와 함께 평생 거기 있거라!"

마법사는 구멍을 막아 버렸어요. 동굴에 갇히게 된 알라딘은 너무 무서웠어요. 하지만 희망을 잃지 않았어요. 알라딘은 램프를 바라보며 생각했어요.

'마법사가 램프를 달라고 한 것을 보면 아마도 특별한 물건일 거야.'

알라딘은 램프를 한번 문질러 보았어요.

그때였어요. 갑자기 '펑!' 하는 소리와 함께 램프에서 무럭무럭 연기가 나오더니 커다란 거인이 되었어요!

"나는 램프의 요정입니다! 무슨 소원이든 말씀하세요!"

알라딘은 어마어마하게 큰 거인을 보고 깜짝 놀랐어요. 하지만 곧 정신을 차렸어요.

"정말 무슨 소원이든 다 들어줄 거예요?"

"예! 주인님, 무슨 소원이든 들어 드립니다."

"그럼 나를 우리 집으로 데려다 주세요!

요정이 짝짝짝짝 세 번 박수를 치자 알라딘은 어느새 집에 돌아와 있었어요. 알라딘이 동굴에 갇혔던 이야기를 모두 들은 어머니는 알라딘을 꼭 껴안아 주었어요.

소원을 들어주는 램프의 요정 덕분에 두 사람은 오래오래 행복하게 살았답니다.

 아기를 위한 1000가지 느낌의 대화

어떤 소원이든 다 들어주는 램프의 요정이 있다면 얼마나 좋을까? 가고 싶은 곳도 마음대로 갈 수 있고, 먹고 싶은 것도 마음껏 먹을 수 있을 텐데 말이야. 또 알라딘처럼 어두운 동굴 속에 혼자 있어도 조금도 무섭지 않을 거야.

만약 엄마에게도 램프가 생긴다면 램프의 요정에게 빌고 싶은 소원이 하나 있어. 우리 아가가 아무 탈 없이 건강하게 세상 밖으로 나올 수 있게 도와달라는 거란다.

사랑하는 아가야, 마음껏 상상해 보는 것은 아주 좋은 것이란다. 우리 아가도 이야기 속 주인공이 되어 마법의 램프를 얻었다고 상상해 보렴. 램프의 요정에게 어떤 소원을 빌지, 나쁜 마법사를 어떻게 혼내 줄지 알라딘이 되어서 생각해 보는 거야. 참 재미있겠지? 이렇게 재미있는 상상을 하다 보면 우리 아가는 꿈 많고 똑똑한 아이로 자라날 거야.

알리바바와 40명의 도둑

작은 마을에 카심과 알리바바라는 형제가 살았어요. 형인 카심은 욕심쟁이였고, 동생인 알리바바는 착한 나무꾼이었지요.

하루는 알리바바가 산에서 나무를 하고 있는 중에 무섭게 생긴 도둑들이 나타났어요. 알리바바는 얼른 숨었어요. 도둑들은 큰 동굴 앞에 서서 이렇게 외쳤어요.

"열려라, 참깨!"

그러자 동굴 문이 천천히 열렸어요. 도둑들은 훔친 물건들을 동굴 속으로 옮기고는 밖으로 나와 말했어요.

"닫혀라, 참깨!"

이번에는 동굴 문이 스르르 닫혔어요. 도둑들이 가고 난 후에 알리바바는 동굴 앞에 서서 도둑들이 했던 것처럼 소리쳤어요.

"열려라, 참깨!"

그러자 동굴 문이 다시 열렸어요. 알리바바는 살금살금 동굴 안으로 들어갔어요. 동굴 안은 온갖 보물들이 가득했어요! 하지만 알리바바는 금 하나만 가지고 집으로 돌아왔어요.

알리바바는 금을 팔아서 장사를 시작했어요. 그리고 성실하게 일해서 곧 큰 부자가 되었어요. 형 카심은 알리바바가 너무 부러웠어요. 착한 알리바바는 카심에게 동굴의 비밀을 알려 주었어요.

"나도 알리바바처럼 보물을 가져와야겠다!"

카심은 동굴을 찾아갔어요. 그러고는 알리바바가 말해 준 주문을 외워 동굴에 들어갔어요. 카심은 보물들을 닥치는 대로 자루에 넣어서 말에 실었어요.

그런데 동굴 문을 나가려는데 갑자기 주문이 생각나지 않았어요!

"열려라, 콩!"
"열려라, 쌀!"

이것저것 아무리 외쳐도 문은 열리지 않았어요. 그때 밖에서 "열려라, 참깨!" 하는 소리가 들려왔어요. 그리고는 동굴 문이 열리며 도둑들이 나타났어요.

"넌 누군데 동굴 안에 있는 거냐!"
"제 동생이 시킨 대로 한 거예요! 전 아무 잘못이 없어요!"

도둑들은 카심을 꽁꽁 묶어서 동굴 속에 가두었어요.

"자, 이제 알리바바를 찾아서 혼내 주자!"

도둑들은 알리바바의 집을 찾아갔어요. 그리고 대문에 검정색 물감을 발라 두었어요. 모두 잠든 밤에 다시 와서 혼내 줄 생각이었어요.
그런데 알리바바의 지혜로운 하녀 한 명이 그 사실을 알게 되었어요. 하녀는 착한 알리바바를 구해 주기 위해 모든 집의 대문에 검정색 물감을 발랐어요.
도둑들은 밤에 마을에 내려왔다가 알리바바의 집을 찾지 못하고 그냥 돌아가야 했어요.

"정말 고맙다, 네 덕분에 살았구나."

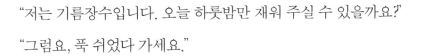

알리바바는 하녀의 손을 붙잡고 고마워했어요.

그런데 도둑들이 다시 알리바바의 집을 알
아냈어요. 한 도둑이 기름장수로 변장을 했어
요. 그리고 나머지 도둑들은 모두 기름통에 들
어갔어요. 기름장수로 변장한 도둑이 알리바바를
찾아갔어요.

"저는 기름장수입니다. 오늘 하룻밤만 재워 주실 수 있을까요?"
"그럼요, 푹 쉬었다 가세요."

착한 알리바바는 도둑에게 방을 내주고, 기름통은 마당에 두도록 했
어요. 기름통 안의 도둑들은 밤이 되면 나와서 알리바바를 혼내 줄 생각
이었어요.

그런데 또 알리바바의 하녀가 이 사실을 알게 되었어요. 하녀는 평소
에 도둑들 때문에 힘들었던 마을 사람들을 모두 모았어요. 그러고는 마
을 사람들과 함께 도둑들을 잡아서 감옥으로 보냈어요. 또 카심도 동굴
에서 꺼내 주었어요. 카심은 엉엉 울면서 말했어요.

"알리바바야, 정말 미안하다."

"아니에요, 형님이 무사해서 다행이에요."

카심은 자신의 행동을 후회하고 착한 사람이 되기로 마음먹었어요. 그리고 동굴 안의 보물은 마을 사람들이 함께 나눠 가졌답니다.

 아기를 위한 1000가지 느낌의 대화

아가야, "열려라 참깨!" 라고 말하면 동굴 문이 스르르 열린다니 정말 신기하지? 동굴 안에는 온갖 보물이 가득하고 말이야.

우리 아가도 그런 동굴을 찾아가 보고 싶지 않니? 어디에 있을까? 엄마 아빠와 함께 찾아보자꾸나. 그리고 주문을 꼭 기억해야 해. 카심처럼 주문을 잊어버리면 안 돼. 들키지 않게 조심도 해야 하고. 동굴의 주인이 나쁜 사람이라면 큰일이잖니?

아가야, 또 이런 일이 가능하다면 어떨까? "커져라 참깨!" 하면 키가 쑥쑥 크고, "많아져라 참깨!" 하면 맛있는 음식이 계속 나오는 거야. 말만 해도 다 이루어진다면 얼마나 신이 날까?

그렇다고 주문을 너무 함부로 사용하면 안 되겠지? 알리바바는 욕심을 부리지 않아서 도둑들에게 들키지 않았던 거야. 우리 아가도 알리바바처럼 지혜로운 사람이 되어 신기하고 즐거운 일을 많이 만들었으면 좋겠구나.

문희원

작가 문희원은 동화, 아동물, 자녀교육서 등 다양한 글들을 기획, 집필해 왔습니다.
『리더로 키우는 유태인 부모의 말 한마디』『지성과 감성을 함께 키우는 동화태교에서 명화태교까지』
『내 아이 남다르게 키우는 자녀 교육법』『히딩크처럼 가르쳐요 네덜란드식으로 키워요』 등의
책을 집필하였으며 신문과 잡지에 다양한 글들을 연재하고 있습니다.

김영희

1976년 전라남도 장흥에서 태어나서 조선대 철학과를 졸업했습니다.
어린이와 어른이 공감할 수 있는 동화책을 만들고 싶어서
꼭두 일러스트를 수료한 후 일러스트레이터로 활동하고 있습니다.
그림책으로는『종이에 싼 당나귀』『콩쥐팥쥐』『방아 찧는 호랑이』
『여우와 가방』『우리 집이 동물원이 되었어요』 등이 있습니다.

감성지수를 높이는 1000가지 상상의 세계

태교 천일동화

초판 1쇄 발행 2009년 7월 15일
초판 3쇄 발행 2012년 4월 3일

글_ 문희원
그림 _ 김영희
펴낸이 _ 박옥희
기획 _ 한성출판기획
표지 · 본문 디자인 _ 디자인텔

펴낸곳 _ 인디북
출판등록 _ 2000년 6월 22일 제 10-1993호
주소 _ 서울시 마포구 염리동 27-216번 2층
전화 _ 02)3273-6895
팩스 _ 02)3273-6897
홈페이지 _ www.indebook.com

ISBN 978-89-5856-113-2 03590

* 잘못 만들어진 책은 구입처나 본사에서 교환해 드립니다.

ⓒ 2009, 문희원